AF815427

Dov Pasternak

Prospérité agricole en Afrique sèche

Dov Pasternak

Prospérité agricole en Afrique sèche

Editeurs & Producteurs senior : ContentoNow - Netanel Semrik

Editeur : Robin Miller

Conception de la couverture : Oksana Kravtsova

Conception couverture : Benjie Herskowitz

Tous droits réservés. Aucune partie de ce livre ne doit être traduite, reproduite, stockée dans un système de récupération ou transmise sous aucune forme ou par d'autres moyens, électronique, photocopie, enregistrement ou autre sans une permission préalable écrite de l'auteur de la maison de publication.

ISBN : 978-1-7354387-0-2

www.ContentoNow.com

netanel@contentonow.com

Dov Pasternak

Prospérité agricole en Afrique sèche

ContentoNow

Table des matières

«Ce qui est crucial, ce n'est pas cette capacité technique, mais bien l'imagination dans toutes ses applications»

E. O. Wilson

Ce livre est dédié à Vesa Jaakola qui a cru en IPALAC

Liste des abréviations

AVRDC - The World Vegetable Center

CAZRI - Central Arid Zone Research Institute (India)

CIRAD - Centre de Coopération Internationale en Recherche Agronomique pour le Développement

CIMMYT - International Maize and Wheat Improvement Center

CLUSA - Cooperative League of the USA

CNSF - Centre National de Semences Forestières

DG - Director General

ECHO- Educational Concerns for Hunger Organization

EIAR - Ethiopia Institute for Agriculture Research

FAO-Food and Agriculture Organization (of the United Nations)

GCRAI - Groupe Consultatif pour la Recherche Agricole Internationale

GRN- Gestion des Ressources Naturelles

IAAB – Institute for Agriculture and Applied Biology

ICRISAT – International Crops Research Institute for the Semi-Arid Tropics

ICRAF – World Agroforestry Center

FIDA – Fond International pour le Développement Agricole

IER – Institut d'Economie Rurale

IITA – International Institute for Tropical Agriculture

ILRI – International Livestock Research Institute

IMOD – Inclusive Market Oriented Development

INERA – Institut de l'Environnement et de Recherches Agricoles (of Burkina Faso)

IPALAC – International Program for Arid Land Crops

IRAD – Institut de Recherche Agricole pour le Développement

ISRA – Institut Sénégalais de Recherches Agricoles

ITT – International Telephone and Telegraph

JPA – Jardin Potager Africain

MASHAV – The Israeli Centre for International Cooperation

MCC – Millennium Challenge Corporation

NPK – Azote, Phosphore, Potassium

OGM – Organismes Génétiquement Modifiés

ONG – Organisation Non Gouvernementale

PdA – Producteurs de l'Avenir

PIB – Produit Intérieur Brut

PNUE – Programme des Nations Unies pour l'environnement

REST – Relief Society of Tigray

R&D – Recherche et Développement

R4D – Recherche pour le Développement

RNA – Régénération Naturelle Assistée

SAT – Semi-Arides Tropiques

SIM – Serving in Mission

SNRA – Système National de Recherche Agricole

TIPA – Technological Innovation for Poverty Alleviation

UE – Union européenne

UNCCD – United Nations Convention for Combating Desertification

UNESCO – United Nations Educational Scientific and Cultural Organization

USAID – Agence des Etats Unis d'Amérique pour le Développement International

USDA – Département des Etats Unis d'Amérique pour l'Agriculture

VM – Village du Millénaire

Préface

En avril 2018, le monde a perdu un grand homme, un véritable visionnaire et un homme d'action humanitaire remarquable, lorsque Dov Pasternak est décédé. Dov était tout cela et plus encore : un scientifique et agronome de classe mondiale et un infatigable défenseur des opportunités économiques pour les petits agriculteurs africains. Dov n'a cessé de prêcher que si la sécurité alimentaire était importante (personne ne veut voir les gens mourir de faim), elle ne devait pas être l'objectif en soi. La sécurité alimentaire à elle seule n'empêche pas des millions de pauvres et de malnutris. Dov croyait que l'objectif ultime devait être la sécurité économique. L'argent ne peut peut-être pas tout régler. Mais il peut acheter des aliments nutritifs pour la famille, donner l'accès à l'éducation et aux soins de santé, et améliorer véritablement le niveau de vie.

Lorsque Dov a commencé à travailler avec les agriculteurs locaux pour augmenter leurs revenus, il avait en face de lui d'énormes obstacles à surmonter. Le chapitre 2 en identifie 10. Les technologies permettant de transformer les agriculteurs de subsistance en hommes d'affaires prospères sont bien connues. Le plus grand défi consiste à changer les mentalités : celles des agriculteurs, des ONG, des organisations de recherche, des représentants des gouvernements et des agences de développement. Cela fait beaucoup de mentalités à changer ! Cependant des progrès concrets ont été réalisés.

Au Niger, où Dov a vécu et travaillé pendant deux décennies, le développement économique rural est devenu une priorité nationale. L'agriculture est la clé de cette transformation économique et les principales agences de développement, telles que la Banque Mondiale et la Millennium Challenge Corporation (MCC), ont promis des centaines de millions de dollars pour des projets d'irrigation à petite et grande échelle.

Notre propre équipe, dirigée et inspirée par Dov, perfectionne son concept (Producteurs de l'Avenir), (p. 43-48). Après des années d'expérimentations et d'améliorations, nous avons adopté une approche pratique pour transformer les petits producteurs de subsistance en entrepreneurs agricoles. C'est un processus long. La plupart des producteurs de subsistance sont analphabètes. Ils apprennent mieux par l'expérience et la répétition. Ils doivent apprendre à produire de nouvelles cultures toute l'année, avec de nouvelles méthodes de production. De manière réaliste, il faut au moins 3 ans pour maîtriser tous ces changements.

Dov serait ravi de l'intérêt nouvellement acquis pour le développement économique rural et du financement substantiel disponible pour le soutenir. Aujourd'hui, le défi consiste à s'assurer que tout ce nouvel intérêt et tout cet argent produisent le résultat escompté. Car il y a lieu de s'inquiéter.

Les grandes initiatives de développement s'attendent à voir un impact aussi rapide que large. C'est une merveilleuse ambition, mais elle peut aussi mener droit à l'échec. Apprendre aux producteurs à aborder l'agriculture comme une entreprise prend du temps et de la patience. Malheureusement, le temps et la patience sont des denrées rares. Chaque village a besoin d'un engagement pluriannuel en matière de formation et de supervision, pour s'assurer que les nouvelles approches sont réellement maîtrisées et durables. Les projets doivent allouer une partie importante de leur budget à la formation et à la supervision, et déployer un grand nombre de techniciens qualifiés pour s'implanter dans les communautés locales.

La réaffectation des budgets peut se faire en un éclair. Mais les techniciens de terrain qualifiés manquent cruellement. Pour répondre à ce besoin, nous avons créé le Centre de Formation Horticole Dov Pasternak, afin de « former les formateurs », indispensables pour soutenir la transformation rurale à grande échelle. Dov a fortement soutenu l'idée du Centre de Formation et savait à la fin de sa vie que nous le nommerions en son honneur. En l'espace de cinq ans, le Centre pourra former suffisamment de techniciens pour venir en aide à 1 000 villages.

Le livre intitulé « La prospérité agricole en Afrique sèche » a initialement été publié en anglais. Cette nouvelle traduction met les connaissances et les idées inestimables de Dov à la portée des francophones et plus particulièrement de l'Afrique de l'Ouest francophone, où l'activité de Dov se concentrait. Nous espérons que cela contribuera à changer beaucoup d'autres mentalités et à concrétiser le rêve de Dov d'apporter la sécurité économique à des millions de producteurs de subsistance dans le Sahel africain.

John Craig, Président, Eliminate Poverty NOW (Éliminer la pauvreté MAINTENANT)
Robin Mednick, Présidente, Pencils for Kids (Des crayons pour les enfants)
Hamani Djibo, Président de l'ONG LIBO
L'équipe de direction de Producteurs de l'Avenir, 2019

Avant-propos

Chaque fois que je raconte à des amis et à des collègues mon expérience en matière de développement agricole international, notamment en Afrique, ils me disent : « Que c'est fascinant, Dov ! Tu dois partager ton expérience et tes réflexions avec le reste du monde ». Cependant, partager des expériences et réflexions peut être très difficile lorsque vous êtes occupés à tenter « de sauver le monde ».

Maintenant, le temps, une denrée si rare dans ma vie d'autrefois, est devenu plus disponible, me permettant de m'asseoir devant mon ordinateur portable pour partager ma longue expérience en matière de développement agricole international.

Mon objectif principal en écrivant ce livre est de guider ceux qui sont impliqués dans le développement agricole de l'Afrique aride vers de nouvelles approches et stratégies qui conduiront à un meilleur développement.

Les intérêts des producteurs sont au centre de mes préoccupations.

Dans ce livre, je vais vous faire part de nombreux exemples personnels montrant comment le manque de compréhension du secteur agricole, les conditions propres à la zone aride d'Afrique, les besoins et motivations des producteurs, entravent le développement de la région.

À de nombreuses reprises, j'ai eu recours à des mots forts pour secouer certaines parties prenantes qui, à mon avis, adoptent une mauvaise approche *sans même avoir conscience des conséquences négatives qui en résultent.* Par cet exemple, je voudrais m'excuser auprès de toutes les personnes qui pourraient avoir le sentiment que mes critiques leur sont adressées. Ce n'est certainement pas mon intention.

Même si je suis un chercheur, je n'ai en aucun cas écrit ce livre dans le style d'une publication scientifique. Je présente ici un résumé de mes plus de 40 années d'expérience en matière de recherche & développement agricole en Israël, en Égypte, au Maroc, en Argentine et en Afrique subsaharienne. Il est écrit dans un style compréhensible pour un profane, mais toujours apprécié par un chercheur. Le livre traite spécifiquement de l'agriculture dans la région soudano-sahélienne, une région délimitée par les isohyètes 300–800 mm de pluie par an allant du Sénégal à l'ouest et l'Érythrée à l'est, mais il s'applique également à d'autres régions de la zone aride d'Afrique qui sont en train de passer des formes d'agriculture traditionnelles aux formes d'agriculture plus sophistiquées, au travers d'un processus que nous appelons « développement ».

De 1971 à 2001, j'étais chercheur en agriculture à l'Institut pour l'Agriculture et la Biologie Appliquée (IAAB) de l'Université Ben Gurion du Néguev à Beer-Sheva, en Israël. Ma spécialité était la recherche sur l'irrigation avec l'eau salée. Sur une période de 30 ans, j'ai testé la tolérance au sel de 36 espèces de cultures afin d'acquérir une connaissance unique sur une gamme variée de cultures (cultures céréalières, cultures fourragères, légumes, arbres fruitiers et plantes ornementales). Cette expérience m'a énormément aidé lorsque je fus nommé chef de la Division Diversification des Cultures et des Systèmes à l'ICRISAT, (Institut International de Recherche sur les Cultures en Zones Tropicales Semi-arides), Centre Sahélien au Niger.

J'ai dirigé l'IAAB de 1975 à 2001. Cet institut relativement petit, doté d'un effectif de cent personnes, a eu un impact très important sur le développement du désert du Néguev dans ce que beaucoup appellent le « miracle du désert ». *Je pense que la principale raison de ce succès est la liberté académique absolue laissée aux chercheurs ayant conduit et encouragé l'innovation.*

Mon expérience internationale a commencé par une mission en Espagne en 1976, qui a pris fin par l'introduction de l'irrigation goutte-à-goutte en Europe. Depuis lors, j'ai mené des consultations et conduit des projets dans plus de 20 pays. Après ma première mission en Afrique en 1994, je suis tombé amoureux du continent et de ses habitants, ce qui a finalement conduit à mon emploi à l'ICRISAT-Niger, de 2001 à 2011. L'ICRISAT est un institut de recherche international qui se concentre sur l'amélioration génétique du sorgho, du mil, des arachides, des pois chiches et pois d'angole, avec un succès remarquable. J'ai été embauché par cette organisation visionnaire pour mener des recherches conduisant à la diversification des cultures et des systèmes.

Ma période de service en Afrique a été la plus fertile et la plus fascinante de ma carrière professionnelle. Fascinante en raison des personnes que j'ai rencontrées et avec lesquelles j'ai vécu. Les Africains de l'Ouest sont les personnes les plus gentilles que j'ai jamais rencontrées. La façon dont ils se comportent, avec politesse, respect mutuel total, dont ils s'occupent des membres moins fortunés de la famille, et dont ils prennent soin des membres âgés de la famille est au-delà de toute description. Pour quelqu'un qui a été élevé dans une société compétitive et qui a vécu sous la tension de la vie quotidienne, les interactions avec cette société très cultivée et pacifique ont été une expérience des plus agréables.

Mais les raisons de ma satisfaction vont au-delà de la gentillesse du peuple africain. Ma satisfaction provient également de la recherche de solutions viables à un grand nombre de problèmes entravant le développement de l'Afrique. Dès mon premier jour en Afrique, je suis étonné du nombre de chercheurs si réduit qui avaient tenté de trouver ces solutions avant moi. Après avoir lu ce livre, vous comprendrez la raison.

En plus de conduire un programme de recherche et développement diversifié, j'ai pu visiter des centaines de villages dans huit pays soudano-sahéliens (Cameroun, Niger, Nigéria, Bénin, Burkina Faso, Ghana, Mali, Sénégal et Gambie) et échanger avec des milliers de producteurs locaux, avec des centaines d'ONG (Organisations Non Gouvernementales) et avec de nombreux autres acteurs dans le domaine du développement agricole en Afrique. Cet ouvrage est donc le résultat de cette expérience intensive en matière de développement agricole des terres arides d'Afrique de l'Ouest. Il s'appuie principalement sur ce que j'ai appris de mon expérience personnelle, des expériences d'amis proches et d'innombrables heures de lecture et de réflexion sur ce qui entrave et ce qui favorise l'agriculture dans cette région.

Mon dévouement envers l'Afrique aride a commencé par un programme appelé « Programme International sur les Cultures des terres Arides (IPALAC), conçu par mes collègues de l'IAAB de l'Université Ben-Gurion. La logique derrière de la création d'IPALAC est la suivante :

L'agriculture mondiale actuelle est principalement le résultat de transferts massifs de cultures d'une région du monde à une autre. Par exemple, le blé, la culture la plus importante au monde, est originaire d'Asie occidentale et s'est ensuite répandu en Europe, en Asie, en Océanie et aux Amériques. De même, la pomme de terre des Andes a transformé l'agriculture et les habitudes alimentaires de l'Europe. Certains disent même que les pommes de terre ont été le moteur de la « révolution industrielle » européenne.

Pratiquement toutes les cultures (à l'exception des noix de pécan, des tournesols, des artichauts de Jérusalem et de quelques baies) cultivées aux États-Unis viennent d'ailleurs. Le manioc, la culture de base de l'Afrique tropicale, ainsi que le cacao, les hévéas et les noix de cajou, qui soutiennent l'économie tropicale africaine, trouvent tous leur source au Brésil et dans les pays voisins. Par ailleurs, le Brésil, l'un des producteurs agricoles les plus prolifiques du monde, produit de nombreuses cultures non autochtones : canne à sucre originaire de Nouvelle-Guinée, soja d'Asie orientale, café d'Éthiopie, maïs du Mexique et oranges de l'Asie du Sud-Est.

Dans une large mesure, ce processus de transfert de cultures a contourné les régions arides et semi-arides du

L'équipe IPALAC de l'ICRISAT-Niger : six scientifiques, douze techniciens, cinquante agents de terrain. La plupart des nouvelles cultures et technologies mentionnées dans ce livre ont été créées par cette équipe.

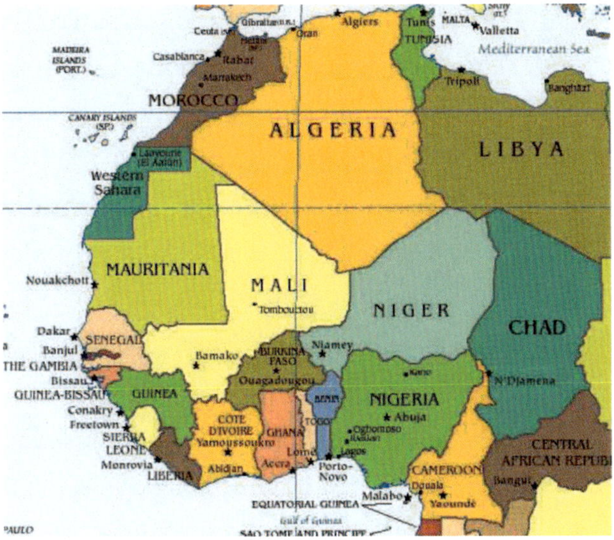

Carte de l'Afrique Occidentale et Centrale : les pays avec des zones tropicales semi-arides sont : le Cap-Vert, le Sénégal, la Mauritanie, le Mali, le Ghana, le Burkina Faso, la Gambie, le Togo, le Bénin, le Niger, le Nigeria, le Cameroun et le Tchad.

monde, probablement parce que ces régions n'ont pas été la priorité absolue du développement des puissances colonisatrices, qui ont été les principaux acteurs du mouvement mondial de transfert des cultures. Ainsi, IPALAC a été créé en tant que catalyseur du transfert de cultures entre les régions arides du monde. Le projet a été initialement financé par le gouvernement finlandais, l'UNESCO, l'Agence Israélienne de Coopération Internationale pour le Développement, (Israeli Agency for International Development Cooperation) appelée MASHAV, et par la famille Brach de New Jersey.

La Finlande a été de loin le plus grand soutien d'IPALAC et son appui s'est manifesté sur une période de 10 ans. Sans le soutien finlandais, tout ce qui est décrit dans ce livre n'aurait jamais pu être réalisé. L'administrateur de IPALAC, Arnie Schliessel, a beaucoup contribué à l'orientation de ce programme et à trouver les meilleurs partenaires en Afrique. Merci, Arnie, pour cette aide.

L'UNESCO a accepté de soutenir IPALAC à condition que tous ses efforts soient axés sur l'Afrique. Après deux ans d'activité en Afrique en tant que coordonnateur d'IPALAC, j'ai compris que pour que le programme réussisse, il faudrait m'impliquer dans ce programme. Pour réaliser cet objectif, j'ai accepté une offre d'emploi faite par Barry Shapiro de l'ICRISAT, pour diriger un programme de diversification des cultures pour les tropiques semi-arides (SAT) d'Afrique, essentiellement : l'IPALAC. Les bailleurs de fonds d'IPALAC ont accepté de transférer la responsabilité de l'IPALAC de l'Université Ben-Gurion à l'ICRISAT.

Et c'est ainsi qu'a commencé mon odyssée dans l'agriculture africaine...

Introduction

Si vous entrez les mots «Agriculture africaine» dans Google, votre recherche révélera probablement plus de 1,5 million de résultats. Tant des personnes et organisations ont écrit sur ce sujet. En effet, vous pouvez trouver une grande partie des statistiques sur l'agriculture africaine et ses effets sur l'économie dans un nombre volumineux de livres et articles. Par conséquent, je m'éloigne d'une introduction habituelle qui commencerait par donner des données statistiques dans une description du contexte, car cela a déjà été fait par tant d'autres. Si cela vous intéresse, vous pouvez trouver bon nombre de ces statistiques dans FAOSTAT. Cette introduction mettra l'accent plutôt sur les faits majeurs pertinents qui intéressent quiconque veut s'impliquer dans le développement agricole de cette région. Ces faits sont les suivants :

1. Contrairement à la situation de nombreuses régions du monde, l'agriculture africaine est pratiquement entre les mains de petits propriétaires terriens. Connue sous le nom d'«agriculture familiale», la taille d'une unité foncière familiale varie de 0,5 à 3 hectares. Le taux de croissance de la population d'environ 3 % par an, entraîne une réduction supplémentaire de la taille des champs des petits propriétaires terriens.

2. Environ 60 % de l'Afrique subsaharienne est semi-aride avec des saisons pluvieuses et sèches distinctes.

3. Environ 98 % des terres cultivées de l'Afrique subsaharienne (excepté Madagascar et l'Afrique du Sud) sont pluviales.

4. La plupart des ménages pratiquent une agriculture de subsistance complète ou partielle.

5. L'érosion des sols, résultant du défrichement des terres pour la culture, des pratiques agricoles inadéquates combinées au surpâturage, des pluies intenses et des vents violents entraînent une dégradation massive des terres.

6. En Afrique aride, d'énormes réserves d'eau inexploitées et adaptées à l'irrigation restent inutilisées.

7. Dans la majeure partie de l'Afrique, les sols sont très pauvres et ont une faible capacité d'échange cationique,

de faibles quantités de matière organique et de faibles niveaux de phosphore et d'azote. De nombreux sols sont acides et contiennent des quantités élevées d'aluminium, toxiques pour les plantes.

8. Les pluies en zone aride d'Afrique sont irrégulières et tombent avec une très grande intensité. Les sécheresses partielles ou complètes entraînant l'échec total des cultures sont très courantes.

9. Le niveau d'éducation en Afrique rurale est très bas. Dans de nombreux endroits, plus de 50 % de la population rurale est analphabète.

10. La population est extrêmement pauvre : environ un tiers de la population gagne moins de 2 USD par jour.

11. Les organisations qui travaillent pour le développement de l'Afrique ont généralement très peu d'options en matière de cultures, de variétés et de systèmes de mise en œuvre, parce que le choix actuel est très limité. Pour cette raison, le choix des actions de développement est souvent restreint.

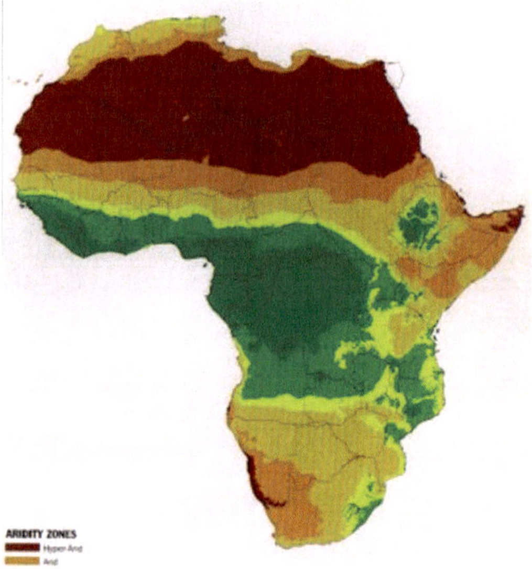

Carte d'aridité de l'Afrique : Les tropiques humides apparaissent en vert foncé. Les autres couleurs représentent les tropiques et sous-tropiques semi-arides à arides

À cette liste, je pourrais ajouter les montagnes de statistiques traitant de nombreux autres aspects qui compliquent et affectent la vie quotidienne en Afrique, tels que la santé, l'assainissement, l'éducation, la nutrition, la structure sociale et les effets du colonialisme. Cependant, je ne développerai pas ces points.

J'espère qu'après avoir lu ce livre, vous comprendrez mieux pourquoi le développement agricole a été un tel défi en zone aride d'Afrique et serez en mesure d'aider à favoriser les changements nécessaires qui doivent se produire pour permettre un développement réussi.

Chapitre 1

Qu'est-ce qui entrave le développement agricole en Afrique?

Je commence par la question posée ci-dessus parce qu'elle est ancrée dans les esprits et dans la bouche de tous ceux qui réfléchissent sur ce sujet.

Au cours des dernières décennies, les pays en développement d'Asie et d'Amérique latine ont tous considérablement progressé vers une prospérité économique, laissant l'Afrique loin derrière. Les gens qui ne sont pas conscients des réalités de ce continent imputent directement les échecs aux africains et, lors des discussions sur le développement agricole (de loin la principale activité économique de l'Afrique subsaharienne), ils imputent cette responsabilité aux producteurs africains. Cependant, ces personnes sont complètement dans l'erreur.

La stagnation du développement agricole n'incombe pas aux producteurs africains.

Au contraire, les producteurs africains sont des grands travailleurs et des personnes honnêtes. Ils sont prêts (mais avec précaution) à accepter l'innovation et désireux d'améliorer leurs conditions et celles de leur famille. Plutôt, cette stagnation est due à l'application des mauvaises politiques et stratégies et par un manque de compréhension des processus naturels qui affectent la production agricole en Afrique (et ailleurs) de la part des gouvernements, des agences de développement internationales et régionales, et des ONG.

Je pourrais écrire un livre spécifiquement dédié à la description de toutes les manières dont beaucoup de responsables du développement de l'Afrique ont et continuent de la handicaper en utilisant de mauvaises approches et en adhérant obstinément aux doctrines de développement, en plus d'une pure ignorance. Mais d'autres auteurs (voir par exemple Bauer, 1957, Harrison, 1987, et Easterly, 2006) ont déjà traité ces points de façon très détaillée.

Je donnerai plutôt trois exemples qui mettent en exergue certains des points que je souhaite aborder. Ce sont des exemples de projets à fort potentiel de développement qui ont échoué à cause de la mauvaise gestion des responsables de leur exécution et de leur courte durée. Je n'aborderai pas bon nombre d'autres projets qui, dès leur création, n'ont mené nulle part :

1. Centre Multidisciplinaire pour la Formation et la Démonstration du Développement Rural de la FAO (Organisation des Nations Unies pour l'Alimentation et l'Agriculture)

Ce fut l'un des premiers projets de développement agricole initié par le nouvel État du Burkina Faso au début des années 1960. Ledit projet a été décrit dans un livre de Raphael Agmon (1999). Le centre a été construit près de la ville de Bobo Dioulassou et comprenait des parcelles de démonstration, des installations de formation, une école d'agriculture et une école de formation destinée aux agents de vulgarisation agricole. Des fonds ont été octroyés pour cinq ans avec une option pour une durée de cinq années supplémentaires si le programme réussissait.

Et le programme a, en effet, été couronné de succès. Mais au cours des cinq premières années, il y a eu un changement de gouvernement et le nouveau régime militaire ne s'intéressait pas, ni ne comprenait, le développement agricole. En fin de compte, le projet a été abandonné et cet investissement considérable est tombé à l'eau, de même que les espoirs de milliers de producteurs.

2. Centre de Formation aux Technologies Modernes d'Irrigation du Burkina Faso

Contrairement au projet ci-dessus, le financement de ce centre n'était nullement limité dans le temps. Financé par un groupe de donateurs du Texas, il visait à former de jeunes entrepreneurs burkinabés à la production horticole intensive par le système d'irrigation goutte-à-goutte.

Sa construction a duré deux ans. Juste au moment où le centre était prêt à commencer ses activités, on a découvert que la personne responsable ce centre au niveau local avait mal géré les fonds. Cela a entraîné le retrait des bailleurs de fonds du projet. Je me trouvais sur place tout au long de cette période et j'ai pu assister à la construction du centre et au retrait des bailleurs de fonds, qui avaient compris que leur argent et leur bonne volonté avaient été mal utilisés. Le centre est maintenant déserté. Chaque fois que je passe devant le centre, je dois tourner la tête, car cela me fend le cœur.

La durée est un autre facteur qui détermine le succès et la viabilité des projets. Dans la plupart des cas, les bailleurs des fonds déterminent à l'avance la durée du financement de chaque projet. Bien souvent, les projets connaissent un succès retentissant tant qu'ils durent, mais une fois le financement épuisé, tout s'effondre. Maintes fois, lorsque cela se produit, ce sont les producteurs qui sont blâmés. Cependant, les bailleurs de fonds et les planificateurs du projet devraient en être tenus pour responsables, car ils n'ont pas accordé suffisamment de temps aux producteurs pour assimiler les technologies d'approches pour s'organiser entre eux.

Chaque année au mois de septembre, l'ICRISAT-Niger organise traditionnellement deux journées « Portes Ouvertes » successives pour faire la démonstration de ses nouvelles variétés et technologies. Le premier jour est réservé aux « VIP » (personnalités officielles), à savoir les responsables gouvernementaux et les dirigeants d'ONG. Le deuxième jour est réservé aux producteurs et à leurs organisations. Lors de l'une de ces journées portes ouvertes, je me suis rendu sur le terrain pour faire le suivi des démonstrations devant des VIP par Saidou, notre technicien en chef, de nouvelles variétés de niébé à double usage (céréales et fourrage). Saidou était en train de parler à un groupe impressionnant de dirigeants d'ONG bien habillés. Il expliquait les mérites de chacune des variétés de niébé. D'après les expressions de leurs visages, je pouvais dire que c'était la première fois que ces personnes entendaient parler du niébé (une culture de base majeure dans la zone soudano-sahélienne), et qu'elles ne comprenaient pas ni ne s'intéressaient aux différences variétales. J'ai pris la relève de Saidou et j'ai donné au groupe des informations de base sur cette culture. Malheureusement, même s'ils comprenaient mieux après cela, ils ne manifestaient toujours aucun enthousiasme. **Outre leur manque de compréhension, ces dirigeants n'étaient pas attirés par l'agriculture, qui est au cœur du gagne-pain des producteurs.**

Quelques minutes plus tard, les VIP se sont engouffrés dans leurs Land Cruisers climatisées et se sont précipités dans leurs bureaux climatisés pour concocter de nouvelles propositions de développement agricole et solliciter l'appui de leurs bailleurs de fonds.

À l'opposé, lorsque nous avons réuni des producteurs dans le même champ de niébé le lendemain, nous n'avons même pas eu le loisir d'expliquer le potentiel de ces variétés. Ils ont immédiatement compris le potentiel et se sont mis à courir partout dans le champ pour récolter des graines et les mettre dans leurs poches et leurs robes pour des essais dans leurs propres champs. En moins de 15 minutes, il ne restait pas une seule gousse sur les plantes.

3. Première tentative visant à introduire le Jardin Potager Africain « JPA » au Niger

En 2002, la société du système d'irrigation goutte-à-goutte, appelée Netafim, et l'ICRISAT, ont bénéficié d'une subvention du programme « Development Market Place » de la Banque Mondiale pour installer en un an 100 unités du système d'irrigation goutte-à-goutte à basse pression que j'appelle le Jardin Potager Africain, le « JPA ».

La plupart des systèmes ont disparu sur une période de cinq ans après la fin du programme. Ce résultat décevant est dû principalement au **manque de temps** pour former les producteurs (principalement des femmes) au fonctionnement du système, pour mettre en place une société fournissant des systèmes d'irrigation goutte-à-goutte et des pièces de rechange, et pour organiser les groupements de producteurs.

Un autre problème est que souvent les programmes ont une «seconde phase», mais invariablement cette seconde phase ne soutient pas les mêmes activités que la première. Par exemple, les producteurs qui ont commencé à apprendre à produire des légumes au cours d'une «première phase» ont dû passer à la production de céréales pluviales au cours de la deuxième phase et ont, de fait, oublié tout ce qu'ils avaient appris sur les légumes.

Pourtant, malgré toute la frustration des producteurs face à de nombreux programmes ayant échoué, ils sont toujours prêts à lancer de nouveaux projets porteurs de nouvelles promesses, ce que je trouve extraordinaire.

Heureusement, tous les projets de développement n'ont pas échoué. Un projet de l'USAID au Niger a introduit des charrettes asines qui ont permis des améliorations impressionnantes en matière d'agriculture et de transport rural. Cette information m'a été fournie par Mark Wentling de l'USAID, un excellent représentant de cette organisation. Un autre projet de l'USAID a initié l'exportation régionale des oignons du Niger et, maintenant, après l'élevage, l'exportation des oignons est devenue la deuxième activité d'exportation de produits agricoles de ce pays.

Voici quelques conseils aux bailleurs de fonds frustrés de soutenir le développement agricole en Afrique. Ne désespérez pas. Vous pouvez faire une percée dans ce développement. Un des moyens d'y parvenir est de choisir des personnes *expérimentées,* dotées d'une base de formation en agriculture, comme Mark Wentling *pour se charger de diriger* le développement plutôt que des diplômés universitaires en sociologie et en anthropologie et aussi, espérons-le, en suivant les directives émanant de ce livre.

William Easterly (2006), dans son livre controversé, *The White Man's Burden*, rejoint certaines de mes conclusions majeures sur la manière dont l'aide nuit au développement du tiers monde. Il a divisé les acteurs du développement en deux groupes : les «planificateurs» et les «chercheurs». Il affirme en outre qu'aucune planification n'est la meilleure des stratégies. Mais dans son livre, il ne donne pas de solutions pour contrer les actions trompeuses des «planificateurs». C'est un fait que les planificateurs *seront toujours présents*, il faut donc apprendre à vivre avec eux, en se rappelant que la plupart du temps, les efforts des planificateurs sont bien intentionnés.

Je me classe définitivement parmi les «chercheurs» d'Easterly et j'ai découvert qu'il est possible d'avoir un impact significatif sur le développement de l'agriculture en Afrique en «volant sous le radar». Cela signifie qu'il est parfois stratégique d'éviter d'être repéré par les planificateurs, qui sont généralement ceux qui gèrent les ressources.

Chapitre 2

Les moteurs du développement

Avant de commencer à lister les nombreux moteurs nécessaires au développement, nous devons nous demander : «Avons-nous vraiment besoin de développement?» et si la réponse est oui, la question suivante devrait être posée ensuite : «Quel genre de développement?»

Je suis fermement convaincu que l'Afrique, en particulier l'Afrique semi-aride, doit relancer son développement, car elle est à la traîne par rapport aux autres régions du monde. Si les améliorations en matière de développement ne se concrétisent pas, nous pouvons nous attendre à ce que la faim, la maladie, l'intégrisme religieux, les conflits et les migrations de masse augmentent de façon exponentielle. Un cher ami à moi, le Père Godfrey Nzamujo (qui utilise fréquemment le terme «voler sous les radars»), est le fondateur du Centre Songhaï au Bénin. Il affirme que l'Afrique ne peut plus se permettre de subir une évolution économique par étape et croit qu'en matière de développement, il faut accélérer par bonds.

Le père Godfrey Nzamujo (à droite), fondateur du centre Songhaï. Une personnalité de développement exceptionnelle et l'un de mes mentors. Lennart Woltering (à gauche) est un spécialiste des ressources en eau de l'ICRISAT.

L'agriculture est la principale activité économique en Afrique de l'Ouest aride. Environ 80 % de la population tire ses revenus de cette activité. Nous avons la chance qu'il existe actuellement un consensus international qui indique que le développement économique en Afrique devrait commencer par l'agriculture. Ce n'était pas le cas pendant de nombreuses années lorsque les principaux bailleurs de fonds se sont éloignés du développement agricole comme s'il s'agissait d'un fléau. Après le Sommet Mondial de l'Alimentation de la FAO en 1996, il semblait que tout le monde s'était enivré du terme de «sécurité alimentaire», synonyme d'agriculture. Remercions Dieu pour les petites faveurs!

Malheureusement, le concept de «sécurité alimentaire» a subi l'effet boomerang. Actuellement, la plupart des projets menés en Afrique et pour l'Afrique sont conçus *pour accroître la production alimentaire,* tout en garantissant la sécurité alimentaire*, par tous les moyens, peu importe le coût et les considérations économiques.* J'ai une profonde aversion pour cette approche, pour les raisons suivantes :

- La vision de la sécurité alimentaire signifie que chaque personne devrait avoir accès à suffisamment de nourriture pour maintenir ses fonctions vitales. Le problème est qu'un producteur qui atteint le niveau de «sécurité alimentaire» reste toujours un producteur pauvre. Il n'a toujours pas accès à tous les biens et services dont le développement mondial récent nous a dotés. Pourquoi devrions-nous imposer une vision aussi limitée aux producteurs africains? De quel droit leur dictons-nous de rester pauvres et de ne se contenter que de la sécurité alimentaire? En effet, ils ont les mêmes droits que les producteurs des pays développés. En fait, dans bon nombre de mes exposés, j'ai suggéré de remplacer la vision de «sécurité alimentaire» par une vision de «Sécurité de Toyota» : une Toyota 4x4 pour chaque producteur africain.

- Les gens ne comprennent pas que la nourriture, de nos jours et pendant de nombreuses années à venir, est une question d'«accessibilité», pas de «disponibilité». La nourriture est disponible, mais elle n'est pas accessible aux pauvres des zones rurales. Au cours de la sécheresse qui a sévi dans l'est du Niger en 2009, les produits *importés* étaient abondants sur les marchés, mais les producteurs *n'avaient pas* les moyens de les acheter. En réalité, à cause du système de subsistance, les producteurs n'ont *jamais* assez de ressources pour acheter de la nourriture. S'ils ne peuvent pas la produire eux-mêmes, quelle que soit la raison, ils meurent de faim. Cette même situation s'est répétée après la sécheresse de 2011.

- J'ai beaucoup voyagé en Afrique de l'Ouest aride et, à quelques exceptions près, je n'ai pas vu des gens «mourir de faim». Mais j'ai rencontré de nombreux cas de personnes décédées d'une série de maladies. Au Niger, deux enfants nés sur cinq n'atteignent pas l'âge de cinq ans pour cause de *maladie, pas de faim,* et l'espérance de vie dans la région soudano-sahélienne est l'une des plus basses au monde. *La mauvaise santé est l'ennemi numéro un de l'Afrique, pas le manque de nourriture,* même si les deux sont étroitement liés.

En effet, en Afrique aride, le principal problème est la pauvreté. Si les gens peuvent accroître sensiblement leurs revenus, ils peuvent **acheter de la nourriture,** des médicaments et des soins médicaux, avoir accès à de l'eau potable, éduquer leurs enfants et même acheter une Toyota 4x4.

Pour que l'agriculture prospère, il faut la voir pour ce qu'elle est : *une entreprise*, comme toute autre entreprise dans le monde. Et en tant qu'entreprise, son objectif est de **générer autant de revenus que possible.**

Si les producteurs peuvent générer un revenu plus élevé grâce à la production céréalière, ils devraient alors cultiver des céréales. Mais si les bananes, les tomates, le café, les oignons ou les fleurs rapportent beaucoup plus que les céréales, ils devraient avoir le droit de cultiver des bananes et des fleurs, de les vendre et acheter des céréales avec l'argent qu'ils gagnent. Comme mentionné ci-dessus, «la nourriture est une question d'accessibilité, pas de disponibilité». En d'autres termes, l'hypothèse selon laquelle les individus ou les sociétés doivent produire toute leur nourriture pour être «en sécurité alimentaire» est erronée. Les gens peuvent acheter de la nourriture à d'autres personnes capables de la produire plus efficacement, à condition de disposer des ressources nécessaires.

De nombreux pays le font déjà. Par exemple, Israël importe 98 % de son grain. Au lieu de cultiver des céréales, ses producteurs cultivent des fleurs qu'ils exportent vers l'Europe. Le chiffre d'affaires annuel de 1,5 milliard de dollars de ces exportations est suffisant pour payer le grain importé. Cependant, l'Afrique ne peut pas encore se permettre d'importer du grain, car elle ne dispose pas des ressources nécessaires pour l'acheter. Mais elle peut certainement se focaliser sur les produits pour lesquels elle dispose d'un avantage relatif.

La conclusion évidente de la délibération ci-dessus est simple et limpide. Aidons les producteurs à *augmenter* considérablement *leurs revenus* et presque tout le reste ira de soi. *Ce rôle principal devrait incomber au développement de l'agriculture en Afrique.*

Cette conclusion a orienté mes travaux de Recherche et Développement (R&D) à l'ICRISAT vers les variétés de cultures et les technologies permettant de maximiser les revenus et de *créer de la richesse.* Cependant, c'est évidemment plus facile à dire qu'à faire.

Il y a aussi des raisons objectives pour lesquelles l'Afrique semi-aride est si pauvre. Ses sols sont très infertiles et les températures ambiantes sont assez élevées. Il a des saisons sèches longues et chaudes et des sécheresses fréquentes. Outre ces contraintes physiques, de nombreuses contraintes créées par l'homme seront examinées plus en détail.

Face à ces graves limitations naturelles et humaines, notre défi est de créer une agriculture qui apportera richesse et prospérité à sa population, ***envers et contre tout***. Ce chapitre décrira les principaux moteurs du développement ainsi que les principales contraintes sociales et politiques, tout en suggérant les moyens de les surmonter.

Nous allons d'abord examiner comment nous pouvons changer l'état d'esprit des gens, ce qui est fondamental pour nous aider à comprendre les raisons des échecs passés et la nécessité d'un changement. En Afrique (et probablement ailleurs), la pensée actuelle, et non le manque de ressources naturelles, constitue en effet *le principal obstacle socioéconomique, culturel et politique au développement.*

1. Changer la mentalité des producteurs

La nécessité de changer la façon de penser des producteurs en Afrique est illustrée dans la fascinante histoire qui suit, racontée par un ami qui travaillait pour une ONG appelée SIM (Serving in Mission) dans la région de Maradi au Niger :

Un jour, j'ai décidé d'apprendre à un village comment utiliser les trous de zaï (trous de plantation remplis de matière organique dans lesquels des graines sont semées) dans les champs de sorgho. Tous les producteurs ont accepté cette technique avec enthousiasme et ils ont obtenu une récolte exceptionnelle, jamais vue auparavant. Ceci m'a procuré une grande satisfaction.

J'ai visité ce même village pendant la saison des pluies suivante pour voir comment les producteurs progressaient. À mon grand étonnement, je n'ai trouvé aucun zaï dans les champs. En outre, les producteurs n'avaient même pas planté de sorgho selon leurs méthodes traditionnelles. J'ai approché un groupe de producteurs assis à l'ombre d'un arbre et leur ai demandé d'expliquer pourquoi ils n'avaient pas planté de sorgho cette année-là. Avec un large sourire, ils répondirent fièrement : «Eh bien, monsieur, l'année dernière, grâce à la technique de zaï que vous avez introduite, nous avons produit tellement de grains que nos greniers sont encore pleins. Il n'y avait donc aucune raison de planter à nouveau du sorgho cette année ».

Dans une grande partie de l'Afrique, les producteurs produisent pour manger plutôt que pour vendre (agriculture de subsistance). Vous n'entendrez jamais une telle réponse d'un producteur orienté vers le marché. Son excédent de céréales aurait été vendu il y a longtemps.

Au Sénégal, j'ai contribué à installer 60 petites unités de jardins maraîchers grâce au système d'irrigation goutte-à-goutte dans un champ de 3 hectares. Au cours de la première

Producteurs de l'avenir (PDA) apprenant comment investir au mieux l'argent qu'ils ont gagné en vendant des légumes

saison sèche, les producteurs ont obtenu un rendement très élevé en oignon et les revenus étaient élevés aussi. J'ai visité le site pendant la saison des pluies pour constater que les producteurs n'avaient planté aucune culture. Leur réponse était semblable à celle donnée par les producteurs de Maradi :

«Professeur, les revenus générés par les oignons étaient suffisamment élevés pour nourrir nos familles. Pourquoi devrions-nous nous encombrer d'une autre culture pendant la difficile saison des pluies?»

La conclusion est simple. Si vous voulez réduire la pauvreté en Afrique, vous devez changer la mentalité des producteurs de l'agriculture de «subsistance» à une agriculture «orientée vers le marché». Comment une telle révolution pouvait-elle se produire dans un délai raisonnable, telle était la question qui me trottait dans la tête lorsque j'ai commencé à travailler dans ce sous-continent.

En 2003, je visitais les jardins des écoles au nord du Mali crées par Mamby Fofana, l'un des cerveaux les plus créatifs que je connaisse dans le domaine du développement en Afrique de l'Ouest, lorsque j'ai eu une révélation. Dans le cadre de son travail pour une ONG canadienne, Mamby avait aménagé des jardins botaniques dans plusieurs écoles primaires situées entre Mopti et Douendza. Il avait ensuite remis à chaque élève un arbre à entretenir et leur a appris quels services ils pouvaient obtenir de leurs arbres. Les enfants ont bien pris soin de leurs arbres et ont commencé à planter des «jardins botaniques» à l'extérieur des bâtiments de l'école. À cet endroit et à cet instant, il m'est venu à l'esprit que le recours au système d'école primaire qui existe déjà dans la plupart des villages soudano-sahéliens peut être le meilleur moyen de changer la mentalité des producteurs, simplement parce que les «esprits» des enfants ne sont pas encore «formatés» et sont plus ouverts à de nouvelles idées. J'ai ensuite lancé le programme *Producteurs de l'Avenir* au village de Sadoré, en face du centre de recherche de l'ICRISAT au Niger. Peu de temps après le début de ce programme, j'ai compris que l'éducation des enfants devait être complétée en offrant à leurs parents des options à revenu élevé, en particulier les mères. J'ai donc introduit une pépinière d'arbres fruitiers, un champ BDL (voir page 116), des parcelles de légumes et des plantations d'arbres fruitiers et du manioc irrigué, du sorgho à double usage (grain/fourrage), etc.

Aujourd'hui, douze ans après le début de cette expérience, le village de Sadoré a connu une transformation totale. Chaque femme gagne actuellement environ $2000 par an (représentant la moyenne nationale du revenu de $500 par an). De nouvelles maisons ont été construites et la plupart des enfants sont au secondaire et d'autres à l'université.

C'est ici et à ce moment qu'est né le programme *Producteurs de l'Avenir* (PdA). Il m'a fallu sept ans d'essais et d'erreurs pour développer les principes de ce programme dans le village de Sadoré.

Heureusement, en 2011, une ONG canadienne appelée «Pencils for Kids», une ONG américaine appelée «Eliminate Poverty Now» et LIBO, une ONG locale, ont décidé de financer et de participer activement à des essais pilotes du PdA dans trois villages proches de Niamey, la capitale du Niger.

Le programme PdA comprend un potager, une plantation d'arbres fruitiers, une pépinière d'arbres fruitiers et un enclos pour l'embouche de petits animaux, le tout géré conjointement par les mères et les enfants. Toutes ces *activités sont génératrices de revenus*. Un programme scolaire a été élaboré et les enfants bénéficient de leçons théoriques et pratiques sur toutes ces technologies. Les enfants apprennent à ajouter de la valeur au stockage du niébé et d'autres produits, au nourrissage à court terme des animaux et au greffage d'arbres fruitiers. Ils apprennent à produire des légumes et des arbres fruitiers de grande valeur avec d'irrigation. Le thème central du programme est *l'économie*, où l'on enseigne aux enfants comment utiliser les revenus générés au profit de l'épargne, du crédit et de l'investissement.

Les pères cultivent des pastèques pluviales et des variétés améliorées de niébé en utilisant les trous de zaï. Les mères s'occupent de la production de légumes et des pépinières d'arbres fruitiers.

Sur papier, tout cela semble prometteur, mais il faudra attendre quelques années pour tirer les leçons apprises de ce programme pilote. En cas de réussite, nous avons l'intention de convaincre les gouvernements et les organismes de financement d'adopter cette approche et de la mettre en œuvre dans toute la région sahélienne et au-delà.

Les *Producteurs de l'Avenir* pourraient bien être l'action «par bonds» du père Godfrey, que nous recherchons pour aboutir à la création d'une nouvelle génération de producteurs.

2. Changer la mentalité des ONG et des individus

Un problème majeur des ONG et des individus influents est qu'ils sont souvent guidés par des principes qui peuvent être par erreur ou contradictoires. Par exemple, deux doctrines opposées et maintenant en concurrence acharnée se rapportent aux Organismes Génétiquement Modifiés (OGM). Des ONG originaires principalement d'Europe luttent activement contre l'introduction de plantes génétiquement modifiées en Afrique, craignant qu'elles ne contaminent le sol et ne causent un désastre environnemental. En revanche, il y a une vive promotion des OGM, principalement par les Américains, qui les considèrent comme la solution pour résoudre tous les problèmes de l'agriculture africaine (Paarlberg, 2009). À ce jour, il n'y a aucune preuve que les OGM causent plus de dégâts que les plantes cultivées de manière conventionnelle.

La doctrine de l'agriculture biologique est un autre sujet à controverse. L'agriculture biologique interdit l'utilisation d'insecticides toxiques et d'engrais chimiques. Bien qu'il y ait de bonnes raisons d'interdire les insecticides toxiques, car ils peuvent être dangereux pour les humains si les directives opérationnelles ne sont pas scrupuleusement suivies, en Afrique, très peu d'insecticides «biologiques» ou d'ennemis naturels sont facilement disponibles, et ceux qui le sont ont tendance à coûter très cher. Néanmoins, notre expérience en matière de pulvérisation avec des extraits de feuilles de neem a été très fructueuse. L'arbre de neem originaire d'Inde est maintenant répandu dans toute la zone soudano-sahélienne. Ainsi, la pulvérisation à base de neem est non seulement très efficace, mais elle est également très économique.

L'agriculture biologique interdit également l'utilisation d'engrais. Contrairement aux arguments en faveur de l'interdiction des produits chimiques toxiques, que j'accepte en principe, je ne peux pas comprendre la justesse de bannir les engrais en Afrique. Certes, une utilisation excessive d'engrais peut contaminer les sols et les cours d'eau. Mais il en est de même pour les excréments de vache, chers aux adeptes de l'agriculture biologique (avec la contamination accrue de l'atmosphère par les gaz à effet de serre). Mais qui, en Afrique, utilise des engrais en excès? Au contraire, l'utilisation d'engrais devrait être plus répandue.

Une autre doctrine de développement consiste à utiliser uniquement les technologies traditionnelles et les variétés de plantes traditionnelles, en partant du principe que les producteurs savent ce qui est bon pour eux et utilisent déjà les meilleures cultures et technologies. Malheureusement, ce concept est basé sur l'ignorance. Oui (et vous verrez de nombreux exemples dans ce livre), les producteurs ont mis au point de nombreuses technologies et variétés bénéfiques, supérieures aux solutions alternatives, mais la science joue également un rôle important dans le développement agricole et a apporté une contribution bien plus substantielle que celle des technologies des producteurs autochtones.

Cette dernière doctrine est intimement liée à l'idée fondamentale de ne faire que ce que suggèrent les producteurs. Dans son modèle classique, cela signifie s'adresser au producteur, lui demander ce qu'il veut, puis mettre en œuvre un plan de développement fondé sur ses souhaits. Les ONG qui suivent cette approche ne semblent apparemment pas conscientes du fait que la plupart des producteurs africains ne lisent pas de livres et n'utilisent pas Internet. Ils ne sont pas non plus informés de l'innovation, et pour la plupart d'entre eux, le prochain village est la destination la plus éloignée qu'ils aient visitée au cours de leur vie. Alors, comment les producteurs locaux pourraient-ils imposer aux diplômés universitaires et aux experts internationaux les stratégies de développement à utiliser? Cette politique a été créée en réaction à la planification verticale des activités de production, par les gouvernements et les agences de développement. Cependant, cela montre aussi que le producteur est plus au courant de l'agriculture que de nombreux dirigeants de grandes ONG qui sont venus en Afrique pour «aider» le producteur.

Malheureusement, les choix des producteurs sont actuellement extrêmement limités. *Il incombe* à l'agence de développement de proposer aux producteurs un éventail d'options, en les encourageant à expérimenter dans des conditions agricoles locales et à choisir ensuite l'option qui convient le mieux. Les ONG doivent garder à l'esprit qu'elles existent pour aider les ruraux à vaincre la pauvreté. C'est leur principale tâche et elles ne doivent pas nuire aux progrès de l'agriculture avec des doctrines idéalistes.

3. Changer la mentalité des organisations de recherche

Suite aux succès des années 1960 dans le développement de variétés à haut rendement de blé et de riz, le Groupe Consultatif pour la Recherche Agricole Internationale (GCRAI), une organisation de 15 centres de recherche internationaux, a été formé. Il a décidé que la plupart de ses instituts de recherche devraient se concentrer sur la sélection des cultures, partant du principe que la sélection végétale produirait les meilleurs rendements en matière d'investissements dans la recherche. L'histoire du GCRAI et ses contributions sont fournies par Alston et al (2006).

Le GCRAI a attribué un nombre limité de cultures sur lesquelles chacun de ses centres est autorisé à travailler : les cultures dites «sous mandat». Aucun institut traitant avec un nombre donné de cultures n'est autorisé à ajouter indépendamment d'autres cultures à sa liste de cultures sous mandat ni à participer à des recherches sur les cultures confiées à d'autres. On m'a dit qu'à l'âge d'or de l'ICRISAT-Niger, des chercheurs impliqués dans des activités non mandatées avaient été licenciés. J'ai moi-même été licencié parce qu'après avoir lutté pendant dix ans contre les doctrines du GCRAI, je suis devenu un peu trop imprudent, j'ai pris trop de «risques» et j'ai été repérée par le nouveau directeur de l'ICRISAT, chargé de l'Afrique de l'Ouest, fin adepte des doctrines du GCRAI. Et ainsi, j'ai été exclu du système avec le programme de diversification des cultures et des systèmes, qui était l'activité centrale de l'ICRISAT-Niger pendant dix années consécutives.

Lors de ma première visite au Centre Sahélien de l'ICRISAT près de Niamey, au Niger, le centre de recherche le mieux équipé du Sahel, j'ai été étonné d'apprendre que ce centre n'était impliqué que dans la sélection du mil et la gestion de la fertilité des sols. Aucune recherche n'est en cours pour examiner et trouver des solutions aux problèmes centraux de la production agricole au Sahel, tels que la lutte contre la dégradation des terres (sans se limiter qu'à leurs «analyses» uniquement), l'irrigation, la culture de légumes (mandat d'un autre institut) ou la culture d'arbres fruitiers ou d'autres cultures pluviales génératrices de revenus, tels que le niébé et le manioc, qui sont les «cultures sous mandat» encore d'un autre institut de GCRAI, l'Institut International d'Agriculture Tropicale (IITA).

Il est vrai que le GCRAI a créé de nouveaux centres axés non seulement sur l'amélioration génétique des cultures, mais également sur la recherche en irrigation, la production animale, l'agroforesterie, la foresterie, l'économie et la pêche couvrant une grande partie de l'éventail des activités agricoles (à l'exception de l'horticulture), les initiatives *manquaient* au Centre Sahélien, où elles étaient les plus nécessaires.

Il a déjà été démontré que l'amélioration génétique des cultures, aussi importantes soient-elles, ne résoudra pas le vaste éventail de problèmes du secteur agricole rencontrés dans une région donnée, en particulier dans les régions arides d'Afrique en présence de tant de facteurs limitants.

La meilleure solution pour une recherche agricole efficace du GCRAI consiste à créer des centres de recherche multidisciplinaires basés sur l'écologie : par exemple, un centre pour les tropiques semi-arides, un centre pour l'agriculture de montagne et un centre pour l'agriculture tropicale. Chaque centre traiterait une vaste gamme de disciplines agricoles, sans limitations aux cultures sous mandat. Par exemple, le manioc réussit bien dans les régions tropicales, mais mieux dans les régions semi-arides lorsqu'il est irrigué. Et les pommes de terre, une culture centrale dans la zone soudano-sahélienne, sont actuellement la culture sous mandat d'un autre centre du GCRAI situé dans le lointain Pérou.

Afin de surmonter cette limitation, j'ai convaincu l'ICRISAT et d'autres instituts indiqués de constituer une équipe multidisciplinaire. L'équipe de diversification des cultures et des systèmes ainsi créée à l'ICRISAT-Niger était composée de nominations conjointes (formelles et informelles) avec le Centre Mondial pour les Légumes, (AVRDC), le Centre Mondial pour l'Agroforesterie (ICRAF), l'Institut International de Recherche sur l'élevage (ILRI) et le Centre de Coopération Internationale en Recherche Agronomique pour le Développement (CIRAD). En outre, nous avons coopéré avec l'Institut International d'Agriculture Tropicale (IITA) pour la recherche sur le niébé et le manioc. À cette équipe, l'ICRISAT a ajouté un «agronome spécialisé en systèmes» (moi-même) et un pédologue. Un économiste de l'ICRISAT, qui nous a conseillé dans toutes nos activités de R&D, a complété cette équipe intégrée. Ceci est un exemple de la façon de résoudre un problème «envers et contre tout». Le résultat s'est traduit par une richesse de connaissances scientifiques et technologiques. Je suggère humblement que le GCRAI devrait envisager de recréer des modèles de cette collaboration unique et réussie, aboutissant à la formation éventuelle des centres de recherche multidisciplinaires.

La recherche du CGIAR est régie par ce qu'on appelle maintenant le «Conseil Scientifique» (auparavant le Comité Technique). Le Conseil Scientifique est composé d'éminents chercheurs universitaires et de centres internationaux, qui se rencontrent et décident des priorités du GCRAI. Cependant, les priorités qu'ils établissent sont les mêmes pour les 15 centres. Cette approche est erronée, car chaque région du monde en développement devrait avoir ses propres priorités.

Chaque fois que le Conseil Scientifique décèle un détournement des priorités qu'il se fixe, il appose le terme péjoratif «hors sujet» pour le décrire. En tant que savants scientifiques, les membres du conseil doivent savoir que c'est à travers des «des hors sujet» que de personnes telles que Galilée, Darwin, Einstein et d'autres ont abouti à des découvertes décisives dans le domaine de la science. Sur un plan personnel, en tant que professeur émérite, je suis contrariée par le fait que les membres du Conseil Scientifique sont des combattants dévoués pour la liberté académique dans les universités dont ils sont issus. Mais une fois assignés à leurs postes au conseil, une transformation semble se produire et ils craignent soudainement la liberté académique.

Sur une note positive, l'ICRISAT a très récemment adopté une nouvelle stratégie dénommée Développement Inclusif Axé sur le Marché (IMOD). Cette stratégie reconnaît le fait que l'agriculture sous les tropiques semi-arides est un système intégré englobant non seulement les céréales et légumineuses pluviales, mais aussi le bétail, l'agroforesterie, la fertilité des sols, la diversification des cultures et des systèmes, l'irrigation et les chaînes de valeur. Elle indique également clairement que la réduction de la pauvreté est sa principale préoccupation de Recherche pour le Développement (R4D).

C'est un bon modèle à suivre pour le reste du GCRAI, mais s'appuyant sur les antécédents de tels instituts de recherche, les scientifiques ont beaucoup de difficultés à sortir de leur zone de confort. Par conséquent, je doute que l'ICRISAT puisse être en mesure de concrétiser cette nouvelle vision de la manière dont elle était prévue.

À ce stade, je voudrais m'éloigner un peu du débat sur l'agriculture uniquement en Afrique. J'ai également eu l'occasion de conseiller l'Argentine, le Chili, le Paraguay et Haïti sur le développement de l'agriculture dans leurs régions arides. Après avoir travaillé avec le système GCRAI pendant dix ans, j'ai compris que l'ICRISAT et d'autres centres du GCRAI avaient constitué une base de connaissances importante pour le développement agricole dans les régions tropicales semi-arides d'Afrique et d'Asie. Les tropiques semi-arides d'Amérique du Sud et d'Amérique centrale (à l'exception peut-être du Brésil, qui a déjà beaucoup évolué dans la culture de ses terres semi-arides) pourraient et **devraient** bénéficier de ce savoir-faire, *et il incombe au GCRAI, à ses organisations de soutien et aux pays d'Amérique latine de trouver les moyens de transférer l'expertise créée en Afrique et en Asie par les centres du GCRAI, en particulier l'ICRISAT, sous les tropiques semi-arides de l'Amérique. Un investissement relativement faible dans le transfert de ce savoir-faire devrait générer des rendements très élevés* sur une courte période. Par exemple, lors d'une récente mission à Haïti, j'ai découvert que l'arachide, le sorgho et le pois d'angole étaient leurs trois principales cultures pluviales. Cependant, les rendements et la qualité des variétés locales de ces cultures sont très médiocres, car les variétés traditionnelles utilisées sont très anciennes. Le transfert à Haïti des variétés à haut rendement et de haute qualité de l'ICRISAT devrait présenter des avantages considérables pour ce pays.

4. Changer la mentalité des gouvernements et des agences de développement

En 1994, j'ai passé quelques semaines dans le nord du Cameroun à préparer un plan pour le ministère de l'Agriculture, pour le développement des régions du Nord et de l'Extrême-Nord du pays. Un jour, mes hôtes du ministère de l'Agriculture m'ont conduit à un projet d'irrigation de riz qui utilisait l'eau de l'un des affluents de la rivière Logon. Le sol sur ce site était très lourd et compact, et seuls des tracteurs puissants pouvaient le labourer en vue de planter du riz. À cette époque, un seul tracteur avait survécu à l'armada laissée par les Français qui avaient construit le barrage et le réseau d'irrigation.

Après avoir analysé la situation, j'ai suggéré que la production de luzerne sur ce site pourrait être plus rentable que le riz. La région est riche en bétail, et il y a donc une demande locale de fourrage. En outre, la luzerne est une culture pérenne, ce qui éviterait de labourer les terres chaque année, comme c'est le cas pour le riz. Pour tester cette idée, j'ai recommandé dans mon rapport de planter un champ pilote de luzerne.

Après avoir lu le projet de rapport, les hôtes locaux sont venus me voir très effrayés : «S'il vous plaît, Professeur Dov» (c'est ainsi qu'ils m'appellent en Afrique de l'Ouest), «ne mentionnez pas la luzerne dans votre rapport! Mentionnez uniquement le riz et peut-être d'autres céréales ou légumineuses irriguées. Si nous vous laissons recommander la luzerne, le ministre nous licenciera.»

Je suis souvent étonné par l'attitude des politiciens africains face aux fonds que l'Afrique reçoit au titre de l'aide internationale. L'histoire suivante illustrera ce que je veux dire :

En janvier 2000, les Nations Unies ont décidé de lancer un mois africain, afin de sensibiliser davantage pour relever les nombreux défis auxquels l'Afrique est confrontée. Ainsi, le MASHAV, le Centre Israélien de Coopération Internationale, m'a demandé de présenter au siège de l'ONU la manière dont Israël avait réussi à développer ses déserts. J'ai voyagé en classe économique à New York avec le directeur de MASHAV. À notre arrivée, le directeur nous a installés dans un hôtel 3 étoiles de New York, sentant le moisi, avec un ascenseur en panne. Quand je me suis étonné de ce choix, il a répondu : «Nous ne devons pas gaspiller l'argent des contribuables israéliens».

Le lendemain matin, nous étions debout sur le trottoir devant l'hôtel et j'ai levé la main pour prendre un taxi. «Non,» a déclaré le directeur du MASHAV, «nous pouvons marcher. Nous ne devons pas gaspiller l'argent des contribuables israéliens».

Au bout d'une demi-heure, nous sommes arrivés au bâtiment des Nations Unies, dégoulinants de sueur. J'ai immédiatement remarqué une très longue file de limousines avançant à une allure de tortue le long de l'entrée du bâtiment des Nations Unies. Les chauffeurs sortaient des véhicules pour ouvrir les portières aux délégués africains à l'occasion du sommet «Mois de l'Afrique». Ces derniers étaient tous élégamment vêtus de costumes trois-pièces, avec des chaussures brillantes et à la mode et des montres en or. Vêtu de son manteau usé et portant sa mallette en cuir usé, le directeur général de MASHAV se tenait à côté de moi, secouant la tête avec tristesse devant ces représentants de la situation difficile de l'Afrique.

Heureusement, l'attitude des gouvernements et des politiciens africains à l'égard du développement a changé ces dernières années. Les gouvernements fixent maintenant leurs demandes aux banques de développement et aux autres organisations de développement, au lieu d'accepter passivement leurs préceptes. Ils demandent maintenant un appui financier pour les aspects de l'intensification agricole, y compris l'irrigation et la mise en œuvre de chaînes de valeur. Ma suggestion de cultiver de la luzerne au Cameroun, l'idée qui avait été fortement rejetée en 1994, sera désormais acceptée à bras ouverts. Les politiciens africains ont encore un long chemin à faire.

Les acteurs impliqués dans le développement international sont très conscients des «modes» de développement de l'agriculture mis en place par les gouvernements et les agences de développement.

Ces modes sont essentiellement des *doctrines* établies par un certain consensus d'agences de développement, et elles régissent la forme et la direction du développement jusqu'à ce qu'une nouvelle mode prenne le dessus. Sans mener une étude sur les raisons de ces modes et leur dynamique, mon estimation éclairée est que les bureaucrates du développement se sentent en sécurité «dans le cadre» de la mode actuelle, protégés de l'échec. «Nous l'avons fait parce que tout le monde le faisait ». Une autre raison possible de recourir à la mode réside dans le fait que de nombreux responsables du développement ne sont pas familiers du développement agricole. Ils cherchent donc des solutions dans les stratégies d'autres agences de développement.

Voici quelques-uns des vocabulaires à la mode qui ont dominé l'arène du développement à diverses périodes :

- *Autosuffisance alimentaire*
- *L'agriculture n'est pas une priorité pour le développement*
- *Lutte contre la désertification*
- *Sécurité alimentaire*
- *Réduction de la pauvreté*
- *Question du genre*
- *Nutrition améliorée*
- *Accès à l'eau potable*
- *Résilience au changement climatique*
- *Gouvernance*

La doctrine «l'agriculture n'est pas une priorité» a été la plus dévastatrice, non seulement parce qu'elle était fausse, mais aussi parce qu'elle a duré bien des années, entraînant une stagnation importante de l'agriculture et, par conséquent, du développement économique. Bien que cette mode ait prévalu, il était considéré comme une hérésie d'utiliser le mot «agriculture». On ne pouvait pas le mentionner dans les propositions aux bailleurs de fonds. Le terme «agriculture» a été intelligemment remplacé par le terme politiquement correct : «Gestion des Ressources Naturelles» (GRN). Je me souviens très bien d'avoir utilisé le terme GRN pour désigner l'agriculture au début des années 90, dans certaines de mes propositions à l'USAID.

Chaque fois qu'une nouvelle mode est adoptée, toutes les précédentes perdent leur importance. Au moment où j'écris ces mots, nous sommes à l'ère de la « résilience au changement climatique ». Le travail de chacun est désormais axé sur la lutte contre les conséquences de ce changement. Soudain, la sécurité alimentaire, la réduction de la pauvreté et la multitude d'autres problèmes *ne semblent plus avoir d'importance. C'est comme si ces problèmes avaient déjà été résolus*.

J'ai du mal à suggérer ce qu'il y a lieu de faire pour changer cette façon de penser des organisations de développement. C'est bien là le genre de péril contre lequel on doit se battre pour parvenir à une agriculture prospère en Afrique. *Cependant, il est certain que changer la mentalité des gouvernements et des agences de développement est beaucoup plus difficile à faire que de changer la mentalité des producteurs.*

5. Changer la mentalité de tous sur la question des sources d'énergie alimentaire

Les gouvernements, les donateurs internationaux, les ONG et les organisations de recherche travaillant en Afrique semi-aride sont convaincus que les céréales sont la *seule* source d'énergie alimentaire. Il en résulte que toutes ces entités encouragent les cultures céréalières, telles que les céréales pluviales et le riz irrigué, dans les projets de développement et dans la recherche. Cet état d'esprit est préjudiciable au développement en Afrique aride, et j'espère que cette section particulière sera lue attentivement et assimilée par tous mes collègues du développement.

En général, on ne sait pas que *les dattes contiennent plus de 3 000 calories par kilogramme par rapport au riz cuit qui contient 1 800 calories/kg.* De plus, les dattes sont une culture des terres arides. À cause des dattes qu'ils mangeaient en quantité, les Irakiens n'ont pas souffert de la faim lors de l'embargo imposé par le président américain George H. W. Bush.

Le potentiel des bananes irriguées en tant que culture énergétique en Afrique semi-aride mériterait également d'être examiné. Bien que les bananes ne fournissent «que» 970 calories/kg (la moitié de celles du riz cuit), en Ouganda, environ 70 % des calories consommées par les habitants proviennent des bananes et des plantains. Les bananes irriguées peuvent facilement donner un rendement de 20 tonnes de fruits par hectare et par an, alors que le riz irrigué qui fait l'objet d'une double culture (saison des pluies et saison sèche) et d'une production intensive ne dépasse pas 8 tonnes/ha par an. De plus, le prix du marché de 1 kg de bananes en Afrique de l'Ouest aride est le double du prix du riz.

Le «roi» manioc, qui fournit déjà une grande partie des calories de la population, est une autre source de nourriture de base en Afrique tropicale. Grâce à la disponibilité du manioc, les populations du Biafra n'ont pas souffert de la faim autant que prévu, alors que le pays était encerclé pendant des mois par l'armée nigériane. Alors que la culture est pluviale sous les tropiques, elle devrait être irriguée dans la zone soudano-sahélienne. Nous avons testé sous irrigation 27 variétés de manioc sélectionnées par l'IITA et avons identifié des variétés alimentaires produisant 40 tonnes par hectare. Une variété à traiter (utilisée pour la production de farine) a même fourni 69 tonnes/ha. Le calcul suivant illustre la valeur de, par exemple, 30 tonnes/ ha de manioc en Afrique de l'Ouest sèche, comparée à la valeur de 8 tonnes/ha de riz irrigué à double culture :

Un kilo de tubercules de manioc est vendu 1,5 USD dans les zones sèches de l'Afrique de l'Ouest et acheté aux producteurs à 1 USD. Par conséquent, le revenu brut de 30 tonnes de manioc (le rendement par hectare) représente un montant assez important de 30 000 USD. En revanche, le rendement en riz est de 8 tonnes/ha et le prix d'un kilogramme de riz en Afrique de l'Ouest aride est de 65 ¢. Par conséquent, le revenu brut d'un hectare de riz *irrigué* n'est que de 1 300 USD (remarque : 1 300 USD contre 30

000 USD). La valeur calorifique/kg des deux cultures étant similaire, y a-t-il une raison pour que les producteurs soient contraints de rater l'occasion de réaliser des profits tout en nourrissant le reste de la population? Quelqu'un peut-il me dire, pourquoi le manioc est une culture souhaitée par les agences de développement en Afrique tropicale, mais tabou en Afrique aride?

Chaque fois que les gouvernements et les agences de développement élaborent de nouvelles stratégies, ils essaient souvent de les imposer aux producteurs, et souvent de manière brutale. Par exemple, un organisme gouvernemental d'irrigation utilisant l'eau du fleuve Niger fournit de l'eau aux producteurs qui sont obligés de cultiver du riz et *uniquement* du riz avec l'eau qu'ils reçoivent. Lorsque certains producteurs ont commencé à faire pousser des oignons après le riz de la saison des pluies, cette agence a interrompu leur approvisionnement en eau.

Des planificateurs expérimentés ont également décidé qu'aujourd'hui, le Sénégal devait cultiver plus de riz. Ils commencent à imposer cette stratégie aux producteurs de différentes manières et *sans chercher à savoir si c'est ce qu'ils ont envie de faire, sans se demander si cette doctrine leurs apportera un revenu plus élevé que les autres alternatives.*

Les producteurs africains *devraient cesser de permettre aux planificateurs de prendre des décisions à leur place.* Ils ont besoin de s'unir et de réagir, *car les planificateurs n'ont aucun droit sur leur sueur et leur sang. Il appartient aux producteurs d'assumer leur propre avenir.*

En outre, les bureaucrates des gouvernements et des agences de développement devraient cesser d'imposer leurs doctrines aux producteurs. L'ère de l'économie planifiée de l'Union soviétique a pris fin simplement parce que cela ne fonctionnait pas et le Goulag, où Staline envoyait des producteurs «désobéissants», est fermé. Les actions forcées produisent presque toujours des résultats opposés à ceux recherchés, aboutissant à une production alimentaire beaucoup plus faible.

6. Valeur ajoutée

Ajouter de la valeur à un certain nombre de produits agricoles (si cela n'est pas fait par le producteur) peut significativement augmenter leurs valeurs et renforcer le revenu du paysan. Beaucoup de personnes pensent que la transformation augmente la valeur du produit. Cependant ce n'est très souvent pas vrai. Vendre un produit frais quand les marchés sont accessibles et les prix raisonnables apporte un revenu plus élevé que de le vendre pour la transformation. Bien que cela paraisse bizarre, il y a des exceptions. Au Sahel, par exemple, le revenu du poivron séché est plus élevé que celui issu de la quantité de poivron frais utilisé pour le séchage.

Le stockage des produits est un autre moyen d'ajouter de la valeur. Pasternak et all (2013), par exemple, a démontré que stocker l'oignon de façon efficace pour une période de six mois peut augmenter dix fois plus son prix.

7. Innovation

Tout le monde est conscient du fait que l'innovation est l'un des principaux moteurs du développement économique. L'incroyable progrès économique mondial réalisé au cours des deux derniers siècles résulte d'innovations qui ont commencé par l'invention du moteur à vapeur et qui se poursuivent aujourd'hui avec Internet et les technologies de l'information.

En 2006, j'ai identifié environ 40 producteurs innovateurs par l'intermédiaire des ONG et du service public de vulgarisation, dans le but de créer un « club d'innovateurs » au Niger. L'ambiance dans la salle où s'étaient rassemblés ces producteurs était très électrique. Les innovateurs se sont immédiatement liés amitié et ont commencé à parler de leurs nouvelles technologies et des chemins difficiles qu'ils avaient dû prendre pour tester, perfectionner et prouver la valeur de leurs innovations. J'ai décrit les nombreuses innovations sur lesquelles l'ICRISAT travaillait et ils ont presque unanimement demandé notre aide pour tester ces nouvelles technologies.

Malheureusement, par manque de fonds (je vous prie de me trouver un donateur qui financera un club d'innovateurs), j'ai dû cesser de soutenir le club d'innovateurs du Niger. Mais je suis toujours convaincu qu'il s'agit d'un excellent outil pour créer, tester et diffuser des innovations et que le fait de réunir des producteurs innovateurs aura un effet multiplicateur. Je continue à pratiquer cette approche dans mon poste actuel de conseiller en développement agricole.

Voici un exemple d'initiative d'un visionnaire unique, qui a permis une avancée décisive dans le développement de l'industrie des cultures sous serre en Israël.
En 1970, un producteur de tomates sous serre originaire d'Auckland, en Nouvelle-Zélande, Eddie Peretz, se rendit dans le désert d'Israël du Néguev occidental et décida que cette région était celle qui convenait le mieux à la production de tomates sous serre destinées à l'exportation en Angleterre. Eddie a réussi à convaincre Dr Raanan Weiss, responsable de la colonie agricole en Israël, de lui fournir une petite serre dans laquelle, malgré la forte opposition des « experts », lui (et son épouse Nancy) ont démontré la faisabilité de la production de tomates sous serre destinées à l'exportation.
Compte tenu de leur succès, des milliers de serres de légumes ont poussé partout en Israël et dans d'autres pays méditerranéens (plus de 100 000 hectares). Des efforts intensifs de recherche et de développement ont suivi la première «découverte» d'Eddie Peretz et ont abouti à la création de grandes maisons aérées en plastique, de systèmes de refroidissement à faible coût, de feuilles de polyéthylène spéciales, de filets anti-insectes, et d'engrais.

Tout le monde loue l'innovation, mais en réalité, très peu soutiennent réellement sa *création* et sa promotion. Il y a plusieurs raisons à ce rejet. L'une d'elles est la crainte que l'innovation ne se heurte aux doctrines existantes. Une autre raison est que l'innovation nuira physiquement aux pratiques existantes dont beaucoup bénéficient. Cependant, le motif de rejet le plus important est peut-être que les gens sont conformistes par nature; ils ont peur d'aller à l'encontre des conventions.

Si l'on veut changer une situation qui stagne, on doit essayer de nouvelles méthodes (à savoir l'innovation) par rapport à celles qui ont conduit à la stagnation actuelle. Ou comme disait Albert Einstein : «*Vous ne pouvez pas résoudre un problème en utilisant des approches identiques à celles qui l'ont créé*».

Les producteurs innovateurs sont créateurs et de diffuseurs de nouvelles technologies. Dans presque tous les villages d'Afrique, on les rencontre. Ces producteurs sont une espèce rare. Ce sont des non-conformistes qui nagent contre le courant en essayant de nouvelles technologies qu'ils ont inventées ou importées d'autres endroits. Ces personnes sont appréciées, mais ne sont pas toujours aimées par leurs communautés. Souvent, leurs communautés tentent en réalité d'entraver leurs efforts. Mais une fois que ces innovateurs auront prouvé qu'une technologie fonctionne, beaucoup d'autres commenceront à les copier.

Il n'existe pas de formule magique pour créer l'innovation, et tout le monde ne peut être innovateur. Mais l'innovation peut être encouragée et nourrie. Les chercheurs des universités américaines et israéliennes, où la *liberté académique* l'emporte, reçoivent beaucoup plus de prix Nobel de science que les chercheurs d'autres pays. *La liberté de pensée et la liberté d'action sont des conditions essentielles pour donner naissance à l'innovation.*

Souvent, une personne ou un groupe de personnes fait la promotion d'une technologie innovante pour résoudre un problème particulier, mais finalement, cette technologie s'avère beaucoup plus utile pour résoudre des problèmes *non envisagés par les inventeurs.*

Voici un exemple :

Les inventeurs du système d'irrigation goutte-à-goutte en Israël ont tenté de développer un système permettant d'économiser l'eau. Ainsi, ils ont enterré les latéraux dans le sol pour éliminer l'évaporation à la surface du sol et sur les plantes.

A partir de 2002, j'ai essayé d'introduire un système d'irrigation que j'ai développé et appelé « African Market Garden » (AMG), « Marché Maraîcher Africain », en Afrique de l'Ouest. Mon objectif principal était d'accroître les rendements et économiser l'énergie et l'eau. Mais après avoir installé les premiers systèmes dans certains pays sahéliens, je me suis rendu compte qu'en Afrique de l'Ouest, **l'économie de main-d'œuvre** (pas d'économie d'eau, ni de rendements plus élevés), est le principal avantage du système d'irrigation goutte-à-goutte. En effet, la plupart des jardins potagers de cette région sont irrigués à la main et l'apport en main-d'œuvre nécessaire à l'irrigation est énorme.

Yehuda Zohar, un agent de vulgarisation du Ministère de l'Agriculture, s'est rendu compte que l'irrigation avec le système goutte-à-goutte avait des avantages allant bien au-delà d'une simple économie d'eau. En fournissant quotidiennement de l'eau et des engrais solubles à chaque plante, les rendements des cultures peuvent considérablement augmenter par rapport à d'autres systèmes d'irrigation, en particulier dans les sols non fertiles. En 1964, Zohar a aménagé des parcelles de 1 000 m^2 irriguées avec le système goutte-à-goutte dans quatre colonies agricoles de la vallée aride d'Arava en Israël. L'idée principale était toujours *d'économiser* l'eau et, par conséquent, les latéraux étaient enfouis dans le sol dans trois des quatre villages. Dans le quatrième village (Yotvata, près de la Mer Rouge), la trancheuse qui était censée creuser les tranchées pour enterrer les goutteurs n'était pas arrivée à temps. Les goutteurs latéraux ont donc été posés sur le sol. Curieusement, les résultats étaient meilleurs que ceux des latéraux enterrés, car ces derniers n'étaient pas obstrués par les racines des plantes. C'est ainsi que les latéraux sont arrivés à la surface et que l'objectif initial d'économie d'eau est devenu secondaire, du moins dans les sols non fertiles de la vallée d'Arava en Israël.

Cette découverte a été faite au moment précis où j'obtenais mon premier diplôme universitaire en agriculture et avais déménagé dans l'une des quatre colonies ci-dessus, Ein Yahav, afin de mener des recherches sur les légumes sous la direction des chercheurs du Département de Légumes de l'Institut Agricole Volcani, l'Institut National Israélien de Recherche Agricole. Yehuda Zohar avait demandé aux producteurs d'Ein Yahav de s'occuper de la parcelle d'irrigation goutte à goutte, mais ils ont refusé, car ils étaient occupés à «cultiver des légumes avec des méthodes éprouvées existantes». Yehuda s'est alors tourné vers moi et j'ai accepté de m'occuper de son champ irrigué au goutte-à-goutte.

Les chercheurs de Volcani m'ont demandé de mener une série d'essais sur les légumes en utilisant l'irrigation par aspersion. La parcelle irriguée par aspersion était adjacente à la parcelle irriguée au goutte-à-goutte. Peu importe ce que je pouvais bien faire, les plantes irriguées par aspersion *refusaient tout simplement de pousser.* En revanche, les plantes irriguées au goutte-à-goutte ont poussé comme les haricots magiques de Jack. Lorsque les tomates de cette parcelle ont été prêtes pour la récolte, j'ai demandé aux producteurs d'Ein Yahav de venir m'aider, car seul je ne pouvais pas cueillir les fruits de ces plantes. Les producteurs ont travaillé sans relâche pendant un mois pour récolter les tomates et les fruits de poivron cultivés par irrigation goutte-à-goutte. C'est à ce moment-là que les producteurs de la vallée de l'Arava ont décidé d'adopter cette technique. Le reste appartient à l'histoire.

Mais l'irrigation goutte-à-goutte avait encore un autre avantage *inattendu*. L'eau de la vallée de l'Arava est saline. Les résultats obtenus dans les champs d'Ein Yahav irrigués avec de l'eau salée ont montré que l'irrigation goutte-à-goutte peut être une technologie efficace pour l'irrigation avec l'eau salée. Six ans plus tard, après mon retour d'Australie vers Israël et titulaire d'une maîtrise et d'un doctorat en agriculture, j'ai consacré les 30 années suivantes de ma vie à étudier l'utilisation de l'eau salée pour l'irrigation au moyen d'un système goutte à goutte.

Certaines innovations ne nécessitent pas d'investissements extérieurs pour favoriser leur prolifération.

Le trou de zaï, déjà mentionné, a été inventé par des producteurs du Burkina Faso et cette technique a commencé à se répandre dans ce pays avec très peu d'aide extérieure. Un jour, une ONG du Niger a amené un groupe de producteurs de la région de Tahoua au nord du Niger au Burkina Faso pour inspecter la technologie du zaï. À leur retour au Niger, les producteurs de Tahoua ont commencé à creuser des trous de zaï. Cette technologie est également devenue une technologie courante dans cette région (Hassan, 2006). Un voyage au Burkina Faso suffisait pour que le zaï soit adopté au Niger.

Trous de zaï professionnels à Illéla, Niger

L'introduction de nouvelles variétés de niébé dans deux régions marginales du Niger est un autre exemple de réussite facile. En 2008, ICRISAT a introduit les variétés de niébé ISV 20 et ISV 128 dans le nord de Tahoua et dans la région de Oualam. Il s'agit de variétés à but double à haut rendement, résistantes à la sécheresse et aux nuisibles, offrant des rendements élevés en grains et en fourrages. En trois ans, sans aucune aide extérieure, ces variétés ont supplanté toutes les autres variétés qui étaient produites dans ces régions.

Le cas de l'introduction de la dolique (légumineuse rampante) dans la région de Tahoua au Niger par l'ancien Président du Niger, Mamadou Tanja (alors qu'il était Préfet en 1984), est un bon exemple d'adaptation d'une nouvelle culture. Tanja a simplement distribué des graines de dolique à quelques producteurs. Par la suite, cette culture s'est répandue dans toute la région juste à partir des contacts de producteur à producteur. Aujourd'hui, cette légumineuse rampante est probablement plus importante pour Tahoua comme source de protéines et de fourrage que le niébé, son parent botanique qui pousse pendant la saison des pluies.

Une autre idée novatrice connue sous le nom de Village du Millénaire, a été lancée par le professeur Jeffrey Sachs de Columbia University à New York. Le concept de base de village du millénaire est que le développement doit être réalisé de manière intégrée, c'est-à-dire que la production, le développement de la chaîne de valeur, l'éducation, la santé et la transformation se produisent en même temps.

Préfet

Cette approche a été utilisée en Israël dans les années 1950 et 1960, lorsque l'occupation massive du pays a eu lieu (Weitz et Rockach, 1968). Cependant, le concept village du millénaire nécessite de lourds investissements et du temps pour prouver sa faisabilité. Beaucoup se demandent si cette approche est effectivement la bonne.

En réponse à cette question, je raconte cette blague :

Un couple est venu voir un rabbin pour lui demander d'organiser leur divorce. Le rabbin a tout d'abord demandé à la femme d'entrer dans sa chambre. «Mon mari», a-t-elle déclaré, «est un homme terrible. Il est sale, il boit, il ne ramène pas de l'argent à la maison» et ainsi de suite.

«Vous avez raison», lui dit le rabbin et elle quitta la pièce.

Puis le mari est entré et s'est plaint de son épouse : «Elle ne cuisine pas, elle néglige les enfants, elle utilise tout mon argent pour elle-même», etc.

Le rabbin a dit à l'homme : «Vous savez quoi? Vous avez raison.»

Après que l'homme eut quitté la pièce, la femme du rabbin qui était présente tout le temps lui demanda : «Comment l'épouse et le mari peuvent-ils avoir tous les deux raison?»

«Vous savez ma chère femme?» répondit le rabbin, «Tu as aussi raison.»

Eh bien, dans ce cas, les promoteurs des Villages du Millénaire et les promoteurs de technologies simples et uniques *ont raison*. L'enseignement à tirer ici est de ne pas se laisser entraîner par des doctrines.

8. Investissement

Vers la fin du 20éme siècle, le gouvernement des Pays-Bas a décidé de promouvoir l'industrie des cultures sous serre. Pour ce faire, il a offert d'importantes subventions aux producteurs qui ont construit des serres sur la base de réglementations gouvernementales strictes. L'industrie de la serre horticole néerlandaise a été un exemple pendant de nombreuses années et a rapporté des milliards d'euros aux Pays-Bas.

Non loin de la ville de Yako au Burkina Faso, il y a un grand lac artificiel stockant environ 100 millions de m3 d'eau. L'eau de ce lac n'a été utilisée que lorsque de nombreux jeunes ont loué des parcelles autour du lac, creusé des canaux de terre pour acheminer l'eau du lac vers les champs adjacents et utilisé des seaux en plastique pour acheminer l'eau des canaux jusqu'aux parcelles de tomates.

Les tomates sont vendues aux commerçants ghanéens qui les transportent jusqu'à Kumasi et Accra. Cette industrie des tomates pour l'exportation irriguée autour du lac n'a pas été créée par les gouvernements ou d'autres organisations. Il s'agissait d'un développement spontané résultant de la disponibilité d'un marché, de négociants prêts à acheter et transporter les tomates de leur lieu de production (accessibilité) à ce marché par le biais d'un réseau routier inter-état raisonnable.

Les subventions publiques de certains intrants tels que les engrais constituent un moteur de développement.

Le remboursement fait par les producteurs au pays en utilisant les engrais a plus que compensé la subvention accordée pour l'achat de ces engrais (Dugger, 2007). L'ancien Premier ministre britannique, Tony Blair, et le Professeur Jeffrey Sachs (Sachs, 2006) affirment depuis des années que le développement de l'agriculture en Afrique ne sera possible que grâce à de lourds investissements publics et privés dans ce secteur. Ils ont absolument raison.

Actuellement, l'Asie investit environ 8 à 14 % de son budget national dans l'agriculture, alors que pendant les années de la révolution verte, elle investissait jusqu'à 15 % (Fan et al, 2010).

En 2008, les pays africains n'investissaient que 4 à 5 % de leur budget national dans l'agriculture. En réalité, toutefois, il convient de faire très attention lorsque les fonds sont alloués. Sinon, il s'en suivra que les milliards de dollars seront gaspillés en Afrique. Un investissement sans expertise, sans organisation et sans bonne gouvernance ne réussira jamais.

9. Disponibilité et accès aux marchés

Les infrastructures de transport sont essentielles au développement de l'agriculture. Heureusement, la plupart des pays d'Afrique de l'Ouest sont reliés par des routes et certains par chemin de fer.

Ces routes (bitumées ou non) permettent l'échange de produits agricoles tels que les céréales et les légumes à l'intérieur d'un pays et entre pays. Grâce à ce réseau routier, les oignons de début de saison produits dans les montagnes de l'Aïr du Niger peuvent être transportés sur des milliers de kilomètres jusqu'à Abidjan, capitale de la Côte d'Ivoire.

La population des 16 pays d'Afrique de l'Ouest dépasse 320 millions d'habitants. Par conséquent, le marché régional devrait se focaliser davantage sur les producteurs africains que sur les marchés étrangers. Les personnes qui ne sont pas au courant des opportunités offertes par les marchés régionaux, accusent l'UE et les US de la stagnation des exportations africaines vers ces pays, qui subventionnent fortement leurs producteurs (Anderson, 2006). Mais même si les pays occidentaux suspendent leurs subventions à l'agriculture, l'Afrique serait toujours incapable d'exporter des céréales, son principal produit agricole, vers ces pays pour la simple raison que l'Europe et les États-Unis jouissent d'un énorme avantage compétitif dans la production céréalière par rapport à l'Afrique, avec ou sans subventions.

La plupart des grandes villes d'Afrique occidentale ont accès à l'océan Atlantique. Malheureusement, la route maritime pour le transport régional des produits agricoles en Afrique de l'Ouest n'est pas utilisée. Cela semble être une opportunité intéressante pour le développement.

Un dernier exemple sur ce sujet. En 2002, j'ai réalisé une étude rapide des prix des légumes sur les marchés nigériens qui a révélé que les prix de la tomate entre juin et octobre (la saison des pluies) étaient trois fois plus élevés

Des centaines d'hectares de tomates destinées au Ghana poussant au bord du lac Yako au Burkina Faso.

Chaque jour, 25 camions chargés de tomates traversent la frontière Burkina-Ghana. 40% des tomates consommées au Ghana proviennent du Burkina Faso.

que ceux de décembre à mai. Cette flambée des prix est due à une très mauvaise fructification de tomates pendant la saison des pluies. J'ai ensuite comparé les performances d'environ 15 variétés de tomates censées tolérer la chaleur pendant la saison des pluies et découvert que Xina, une variété cultivée par l'ISRA (Institut National Sénégalais de Recherche Agricole), avait produit des rendements relativement élevés au cours de cette période. Cependant, en raison de nombreuses années de négligence, la qualité et le rendement de la variété Xina étaient très médiocres. Après cinq cycles de sélection et de purification, nous avons créé une variété de tomates de saison des pluies à rendement élevé avec des fruits ronds et uniformes. Nous l'avons baptisé «Icrixina» — la Xina de l'ICRISAT. En très peu de temps, les producteurs de légumes du Niger ont commencé à cultiver Icrixina pendant la saison des pluies. À présent, il y a un bon approvisionnement de tomates sur les marchés de Niamey toute l'année. Une ONG a récemment découvert qu'Icrixina se cultivait très bien au Congo tropical. En y pensant, cela ne devrait pas être une surprise puisque Icrixina a été élevée pour la production de la saison des pluies et que le climat pendant la saison des pluies est essentiellement un climat tropical.

10. Avantage compétitif

L'agriculture est une industrie et, à l'instar d'autres industries, elle repose sur un avantage compétitif pour la réussite économique. En agriculture, des facteurs tels que le climat, le sol, la disponibilité de l'eau, la main-d'œuvre, la terre et des systèmes de production efficaces ne sont que quelques facteurs déterminants de l'avantage compétitif.

Commençons par quelques exemples :

- Les États-Unis, le Canada, l'Europe, l'Amérique du Sud et l'Australie ont de vastes entreprises agricoles, des pluies abondantes et fiables, des subventions gouvernementales, des crédits disponibles et des machines ultras modernes. Tous ces éléments sont favorables à la production rentable de céréales et de légumineuses dans ces pays. En revanche, un Africain possédant 2–3 hectares de terres, avec des pluies peu fiables et des sols pauvres, sans capital ni équipements agricoles, ne bénéficie pas d'un avantage compétitif dans la production céréalière par rapport aux producteurs des régions susmentionnées. Un seul producteur africain produit une à deux tonnes de céréales par an, alors qu'un producteur américain en produit plus de 200 tonnes. À l'heure actuelle, les gouvernements africains n'ont pas les ressources nécessaires pour importer la plupart des céréales et des légumineuses dont ils ont besoin, à l'instar d'autres pays, comme le Japon et Israël le font. Ainsi, l'idée selon laquelle l'Afrique devrait cesser de produire ses propres céréales et légumineuses et les acheter à d'autres n'est pas encore une option. En outre, la plupart des producteurs d'Afrique semi-aride «gagnent leur vie» avec la production pluviale de céréales et de légumineuses. Tout en travaillant à l'amélioration de cette production afin de réduire l'écart davantage compétitif par rapport aux autres pays, l'Afrique aride devrait commencer à rechercher des opportunités *offrant un avantage compétitif* et s'étendre dans cette direction.

- L'expansion de l'industrie horticole aux fins d'exportation au Kenya est un exemple de réussite grâce à l'utilisation d'un avantage compétitif. Le climat des montagnes du Kenya est idéal pour la production de roses sous serre et autres fleurs destinées à l'exportation vers l'Europe. L'aéroport de Nairobi ressemble à une plaque tournante pour de nombreuses compagnies aériennes internationales qui transportent des fleurs et des légumes en Europe. En outre, au Kenya, la main-d'œuvre est relativement bon marché. Tous ces avantages compétitifs ont créé une industrie florissante d'exportation de produits horticoles, qui représente plus de 40 % du PIB agricole (produit intérieur brut) de ce pays.

- L'Afrique de l'Ouest tropicale côtière est en train de cultiver et d'exporter du cacao, du caoutchouc, des noix de cajou et des mangues. Le climat et les sols y sont parfaits pour ces cultures et l'accès aux marchés est facile par voie maritime.

- Au Sahel, la production de viande de qualité à faible coût représente un avantage compétitif. Des bergers nomades avec des millions de têtes de bétail y errent sur les vastes pâturages vides. Les coûts de production sont faibles, car ces animaux ne vivent que de pâturage et sont gardés par les enfants de la famille. La construction *d'abattoirs modernes*, combinée à une courte période d'embouche avant l'abattage, pourrait permettre la création d'un secteur d'exportation de viande très important et rentable.

La culture des dattes est une autre opportunité qui tirerait profit du climat chaud du Sahel. Bien que ce climat ne soit pas propice à la culture de nombreuses autres espèces, le palmier dattier est une exception. Les dattes *ont besoin d'*un climat très chaud dans lequel elles prospèrent. Le Sahel offre donc un avantage compétitif significatif pour les dattes. En Afrique de l'Ouest, il existe déjà un marché vaste, car la population qui est majoritairement musulmane chérie la datte. En effet, les plantations de palmiers dattiers de qualité comptent parmi les entreprises agricoles les plus rentables du monde.

Conscient du potentiel des dattes, j'ai lancé, en 2000, un programme intitulé «Dattes pour le Sahel» en collaboration avec Dr. Saidou Koala et M. Saidou Abdoussalam de l'ICRISAT. Au tout début, nous nous sommes rendu compte que la disponibilité de plants de dattier de bonne qualité et à faible coût était une condition préalable au succès. Pour satisfaire ces paramètres, la culture de tissus (in vitro) a été choisie comme technique la plus avancée et la

L'auteur dans une jeune plantation de palmiers dattiers irriguée au goutte-à-goutte, associée à de la laitue

moins coûteuse pour la propagation des plants de dattiers. Nous avons calculé que si nous importions du matériel in vitro au Sahel, le coût d'un plant avant plantation serait d'environ 40 USD. Cependant, si nous pouvions établir un laboratoire de culture in vitro dans la région, le coût se réduirait à 25 USD par plant. Mais surtout, en construisant un laboratoire de culture de dattes au Sahel, les plantes de dattes deviendraient facilement disponibles et accessibles.

Malheureusement, tous nos efforts pour attirer des fonds publics ou privés en vue de la création d'un laboratoire de culture de tissus de dattes à l'ICRISAT-Niger sont pour le moment restés infructueux. Cependant, au cours des onze dernières années, nous avons été en mesure d'importer plusieurs milliers de plants de dattiers in vitro et de les vendre à divers entrepreneurs au Niger, au Burkina Faso et au Mali. Beaucoup de ces arbres portent maintenant leurs fruits, y compris la plantation de 2 hectares que nous avons réalisée à la station de recherche ICRISAT de Sadoré — en Afrique de l'Ouest (voir photo ci-dessus).

L'hiver en zone soudano-sahélienne est caractérisé par des températures relativement douces avec une large amplitude jour/nuit. Les jours sont ensoleillés et l'humidité relative est basse. Ce climat est idéal pour la culture de légumes, et ces légumes peuvent être exportés par voie terrestre ou par voie maritime vers les marchés «moins fortunés» de l'Afrique de l'Ouest tropicale.

L'expertise est également un avantage compétitif très important. La connaissance, cependant, est une denrée rare en Afrique aride. L'importation, la création et la diffusion de connaissances en Afrique aride lui donneront un avantage compétitif (par exemple, les industries de serre au Kenya et en Éthiopie), ce qui constitue une autre condition préalable à la réussite du développement agricole.

Pourtant, le simple fait d'avoir un avantage compétitif potentiel n'est qu'une partie de la solution. Les conditions lui permettant de se matérialiser sont également nécessaires. Par exemple, les exportations régionales d'oignons à partir du Niger n'auraient pas pu être gérées sans un réseau routier régional adéquat vers les villes côtières de l'Afrique de l'ouest.

Chapitre 3

Stratégies de développement agricole

Pour que toute activité de développement réussisse, il faut répondre aux trois questions suivantes :

- Que faire?
- Comment le faire?
- Qui va le faire?

La première question est la plus importante des trois et sera abordée dans les trois prochains chapitres. Les deux dernières questions sont essentielles au succès d'un programme.

Les experts en développement n'ont souvent pas de bonnes réponses à la question «que faire». Ils résolvent ce dilemme en transformant le «sens» («comment le faire») en objectifs («quoi faire»). De nombreux programmes de développement sont donc centrés sur des thèmes tels que la mise en réseau, l'utilisation de SIG (Service d'Information Géographique), la création de bases de données et apprendre aux producteurs comment prendre des décisions.

Bien que ces questions soient très importantes, elles sont là pour aider le développement, pas pour le remplacer. De nombreux projets aboutissent à des montagnes de statistiques et des bases de données volumineuses. Celles-ci peuvent faire bonne impression sur les lecteurs et les donateurs, mais pas sur les producteurs dont le principal intérêt est de donner une «vraie» réponse au «quoi faire».

Avertissement : si une personne qui n'est pas à l'aise en matière de développement agricole souhaite essayer de mettre en œuvre les solutions suggérées dans les chapitres qui suivent, elle est priée de ne pas essayer sans les conseils d'experts chevronnés sous peine d'échec. Par exemple, lorsque mon téléviseur tombe en panne, je n'essaie pas de le réparer moi-même. Je fais toujours plutôt appel à un technicien qualifié.

Un exemple :

En partenariat avec l'ambassade israélienne au Sénégal, nous avons pu démontrer la faisabilité de la technologie du Jardin Potager Africain (JPA) dans ce pays. Au moins deux organisations sénégalaises ont ensuite essayé d'installer le JPA à grande échelle sans consulter les experts de l'ambassade israélienne. Cela a abouti à l'échec total de leurs projets JPA et au gaspillage de ressources précieuses.

Lorsque les gens de bonne volonté souhaitent développer l'agriculture dans un lieu dont ils n'ont pas l'habitude, leur premier réflexe est «Voyons ce qui existe et améliorons-le». Dans le contexte soudano-sahélien, les instituts de recherche et d'autres groupes ont consacré des ressources considérables et de nombreuses années à l'amélioration des cultures pluviales traditionnelles, mais personne n'avait pensé à l'agriculture irriguée, qui, à mon avis, est la solution centrale pour le développement en Afrique aride juste *parce qu'il n'était pas encore utilisé à grande échelle* lors de leur arrivée dans la région. Ensuite, un certain nombre d'ONG se sont immergées dans l'irrigation de légumes. Mais elles ont essayé «d'améliorer» la technologie traditionnelle d'arrosage manuel extrêmement inefficace plutôt que d'essayer de meilleures alternatives pour l'irrigation, encore une fois, *car les alternatives n'étaient pas encore utilisées.*

L'une des principales règles que j'ai adoptées au cours de mes nombreuses années de développement agricole est la suivante : la technologie, la culture ou la variété qui *n'est pas présente* peut souvent être beaucoup plus importante que ce qui *existe actuellement.*

Lorsque quelqu'un veut développer l'agriculture dans une région qui lui est nouvelle, il doit effectuer un examen global des facteurs qui déterminent les approches et les technologies à utiliser. Ces facteurs incluent : la disponibilité du marché, le climat, le sol, les ressources naturelles existantes telles que l'eau, l'accès à la terre (régime foncier), le niveau d'éducation des producteurs, la structure sociale, la disponibilité de la main-d'œuvre, l'accès au crédit en plus des cultures existantes et des systèmes de production existants, leurs avantages et leurs contraintes.

Après avoir intégré tous ces facteurs, il convient de proposer des solutions basées sur les considérations suivantes :

- Avantage compétitif (le plus important!)
- Cultures et technologies existantes (ailleurs) pouvant s'intégrer dans ce nouvel environnement
- Des efforts tels que la recherche sont nécessaires pour développer des cultures et des technologies appropriées
- Efforts nécessaires pour introduire de nouvelles technologies et/ou de nouvelles cultures ou pour améliorer le système existant.

Il y a des années, on m'a demandé d'évaluer les plans d'aménagement paysager du nouveau campus de l'Université Ben Gurion du Néguev à Beer Sheva. A mon grand étonnement, j'ai appris que l'architecte paysagiste avait prévu de recouvrir l'ensemble du campus de l'arbre *Tamarix aphyla*. Les feuilles de ces arbres sont grises et ont toujours l'air «sales» car elles retiennent beaucoup de poussière. En outre, en raison de son système racinaire étendu, *Tamarix* "vole" l'eau des plantes adjacentes.

Quand je lui ai demandé pourquoi il avait choisi cet arbre en particulier, sa réponse a été : «Il pousse partout à Beer Sheva. Je sais que c'est moche, mais que c'est sans danger.»

Heureusement, j'ai réussi à convaincre l'architecte de modifier son plan après lui avoir montré d'autres arbres plus appropriés qui prospéraient également dans cette ville.

Un exemple de ce type de pensée intégrée :

Une macro-analyse de la situation agricole actuelle dans les zones tropicales semi-arides d'Afrique révèle les faits suivants :

En Afrique aride, l'agriculture est pratiquée par environ 70 à 80 % de la population. Chaque ménage cultive entre 0,5 et 3,0 hectares de terre. Les principales cultures sont les céréales *pluviales* et les légumineuses dont la valeur marchande est relativement faible. Les rendements sont affectés négativement par la faible fertilité du sol et le manque d'eau. La majeure partie de la production est consommée par le ménage. D'où la pauvreté, la dégradation des terres et l'insécurité alimentaire.

- Une solution à ce problème consiste à démanteler le système familial afin de permettre la concentration des terres, ce qui conduirait à un système de production céréalière beaucoup plus efficace, qui pourrait être en mesure de concurrencer le reste du monde et peut-être de faire baisser les prix des produits pluviaux. Aux États-Unis, un changement de cette nature s'est produit dans la première moitié du 20e siècle, mais là-bas le développement rapide des secteurs de services et industriels ont pu absorber la main-d'œuvre du secteur rural. Un processus similaire est actuellement en place en Chine, où la population rurale émigre vers les villes pour des emplois mieux rémunérés. À l'heure actuelle, l'Afrique aride ne dispose pas d'industries et de services pouvant absorber le nombre considérable de personnes qui seraient libérées à la suite d'une concentration de terres agricoles. Par conséquent, une telle mesure serait désastreuse.

- Une solution plus pratique consiste à intensifier les options agricoles en utilisant des cultures de grande valeur et la production de cultures horticoles irriguées :

  1. L'horticulture exige beaucoup de main-d'œuvre et, dans cet aspect (main-d'œuvre), la famille rurale a un avantage compétitif par rapport à une exploitation agricole extensive. Une petite ferme utilisant une agriculture intensive produit beaucoup plus de revenu à l'hectare qu'une grande ferme qui cultive des cultures pluviales ou même irriguées.

  2. Si l'irrigation est pratiquée, les sécheresses n'ont aucun effet.

  3. Contrairement aux cultures pluviales de base, les cultures à forte valeur ajoutée peuvent financer des investissements dans le fumier et les engrais pour améliorer la fertilité du sol et accroître les rendements ainsi que l'expansions en milieu réel en utilisant des prêts.

4. Les cultures de grande valeur et les produits de l'horticulture irriguée apportent des revenus aux producteurs, contribuant ainsi à la réduction de la pauvreté.

L'une des meilleures stratégies permettant d'obtenir des résultats *plus rapides* pour une croissance économique dans les pays et les régions sous-développés est l'introduction de technologies éprouvées et d'une expertise extérieures. C'est ainsi que des pays tels que le Japon, la Corée du Sud et plus récemment la Chine ont été en mesure d'atteindre une position de leader dans l'économie mondiale en relativement peu de temps.

Au Chili, une société à but non lucratif appelée Fundacíon Chile a été créée conjointement en 1976 par le gouvernement du Chili et le géant américain ITT. Cette société a lancé une vaste industrie du saumon, une industrie des produits forestiers, une industrie du vin, la production à grande échelle d'une gamme de baies, de mollusques d'ormeau, et davantage. Pour ce faire, elle a introduit les technologies existantes **d'ailleurs,** et si nécessaire **recruté des experts externes** pour la mise en œuvre de ces technologies.

Dans tous les cas, le Chili a exploité au maximum ses *avantages compétitifs* naturels, tels que des lacs propres aux eaux froides pour la production de saumon, et des bons sols et un climat favorable à la production de vins de qualité. Dans la plupart des cas, cette organisation a introduit des cultures et des technologies qui n'existaient pas auparavant au Chili. J'ai personnellement connu la Fundacíon Chili en 1986 lorsque, à leur demande, j'ai présenté un plan visant à créer un complexe de recherche et développement dans des zones arides du Chili. J'étais un des experts engagés par cette fondation pour importer du savoir-faire de l'étranger.

Malheureusement, en Afrique, il n'existe pas de groupes comme Fundacíon Chile axés sur l'importation de technologies. Les instituts de recherche agricole locaux et internationaux s'occupent principalement de développer de nouvelles variétés améliorées de cultures *existantes*.

En 2001, lorsque j'ai commencé à travailler sur la diversification des cultures à l'ICRISAT, j'ai constaté que la plupart des variétés de légumes produites dans la région provenaient d'Europe et que beaucoup n'étaient pas adaptées aux conditions locales. Conscient qu'il existe des milliers de variétés de légumes dans le monde, ce qui constitue un bon point de départ, j'ai commencé à sélectionner des variétés de légumes à pollinisation ouverte, plus adaptées aux conditions locales. Sur une période de dix ans, moyennant un investissement relativement faible, nous avons pu sélectionner et purifier environ 14 variétés de légumes supérieures aux autres variétés produites dans la région. Après cette première étape qui garantissait de meilleures variétés aux producteurs dans un court laps de temps, nous avons pu entamer le long et fastidieux processus consistant à introduire des tolérances, etc., au moyen de la sélection classique.

Bien que l'importation de technologies et de variétés de cultures soit un moyen de réussir, il ne faut pas adhérer aveuglément à cette stratégie. Presque partout en Afrique, vous pouvez trouver des variétés locales (gombo de Konni ou de niébé ISV 128) et des technologies aussi bonnes, voire supérieures, à celles introduites. Vous pouvez trouver des cultures indigènes sous-utilisées, telles que la dolique (*Lablab purpureus*) ou des systèmes et technologies indigènes tels que le système de Gaya et les trous de zaï, qui doivent être développés à une plus grande échelle.

Le prochain chapitre de ce livre examinera les approches intégrées offrant une gamme d'options pour le développement agricole.

Chapitre 4

Technologies et cultures pour le développement de l'agriculture pluviale

Probablement pour la première fois, ce chapitre propose aux lecteurs un éventail d'options qui pourraient être utilisées pour développer le système d'agriculture pluviale en Afrique semi-aride. Je commence par le système pluvial en raison de sa domination actuelle et de son importance en matière de production alimentaire dans les zones semi-arides de cette région. Parce que ce système ne fonctionne pas très efficacement, beaucoup peut et doit être fait pour son amélioration.

De nombreuses technologies et cultures décrites dans ce chapitre ont été développées par l'équipe de diversification des cultures et des systèmes de l'ICRISAT-Niger et sont peu connues. Globalement, ils constituent une banque d'options susceptibles d'accélérer le développement de l'agriculture pluviale en Afrique aride.

La faible fertilité du sol est le problème majeur du système pluvial. La plupart des sols d'Afrique aride sont intrinsèquement non fertiles et souffrent en plus d'une dégradation extensive des terres. Non, « dégradation des terres » est un terme trop doux. « Perte de terres » serait une description plus précise. La perte de terres dans la région soudano-sahélienne résulte principalement de l'érosion des sols par l'eau et le vent, de la surexploitation des éléments nutritifs du sol et du compactage du sol par labour, par les animaux et par des causes naturelles. Dans certains pays, tels que le Sénégal et le Mali, la salinisation des sols est également un facteur majeur de perte de terres (Diatta et al 2001, Valenza et al 2000).

L'harmattan (vent de sable). Des millions de tonnes de sol fertile sont perdus chaque année

Je n'ai pas pu trouver des données fiables sur le taux annuel de perte de terres dans la zone soudano-sahélienne. Un jour, quelqu'un m'a dit que le Niger perdait chaque année 5 % de ses sols. D'après mes observations, je le pense aussi. Il existe quelques chiffres sur le taux de perte ponctuelle de sol causée par l'érosion éolienne. Buerkert et al (1996) ont mesuré une perte de sol absolue de 190 t/ha en un an sur des parcelles sablonneuses dénudées.

Les personnes qui ont cette question à cœur devraient se rendre dans la campagne sahélienne lorsque *l'harmattan* souffle. Une fois sur le terrain, ils feront face directement aux alizés venant du désert du Sahara, qui transportent d'énormes quantités de poussière à travers l'Afrique de l'Ouest. Il est admis que cette poussière provienne du Sahara. Eh bien, peut-être qu'une partie vient de là, *mais une grande partie de la poussière provient des terres cultivées non protégées du Sahel.*

Ces vents causent non seulement des problèmes de santé et de transport, mais également des dégâts considérables aux cultures et aux sols. Si vous consultez Wikipedia pour obtenir des informations sur l'harmattan, vous pouvez avoir la conviction que la principale préoccupation est que l'harmattan perturbe le trafic aérien.

Qui se soucie des retards de vol? Le Sahel est en train de perdre sa terre!

Avant l'harmattan, la couleur du sol était brune en raison de la décomposition de la matière organique de surface.

Après l'harmattan, la couleur du sable est devenue jaune d'or, car tout le sol fertile a été retiré.

Je vous invite également à observer les effets d'un orage torrentiel de pluie et de ses torrents sur la zone soudano-sahélienne. Des millions de tonnes de sol sont enlevés par les inondations et aucune organisation ne semble prendre de mesures afin d'éviter ce problème, y compris des membres de la Convention des Nations Unies sur la Lutte contre la Désertification (UNCCD).

Créé en 1994, l'UNCCD est le seul accord international juridiquement contraignant liant environnement et développement à la gestion durable des terres.

La première réunion des délégations de pays dans le cadre de la Convention s'est tenue à Rome en 1997. Depuis lors, les parties (au nombre de 194) se sont réunies à plusieurs reprises en plusieurs endroits. Jusqu'à présent, la Convention des Nations Unies sur la Lutte contre la Désertification n'a eu que peu d'impact en Afrique. L'honorable député Arba Diallo, ancien secrétaire exécutif de la Convention, fait exception. M. Diallo a passé une grande partie de son temps en Afrique aride à tenter de convaincre les gouvernements et les donateurs d'investir dans la lutte contre la désertification. Il est urgent de remplacer cet homme dévoué.

C'est avec beaucoup d'intérêt que j'ai assisté à l'une des premières réunions de ce groupe à Paris. De tous les endroits, je me suis demandé pourquoi la réunion avait eu lieu à Paris, alors que Paris ne devient un «désert» que

pendant les mois de juillet et août, lorsque la majeure partie de sa population se rend au bord des plages. Au cours de cette réunion, je n'ai entendu aucune initiative concrète visant à traiter les véritables problèmes de la désertification. Cette expérience m'a empêché d'assister aux futures réunions de l'UNCCD.

L'Afrique est un ancien continent et ses sols ont subi un processus de lessivage d'éléments solubles. La plupart des bases (calcium, magnésium, sodium et, dans une certaine mesure, potassium et phosphore) ont été lessivées du sol, laissant derrière elles des éléments peu solubles, tels que le fer et l'aluminium. Dans ces sols, le pH est bas et la toxicité de l'aluminium et du manganèse est prédominante. La capacité d'échange cationique est faible et est déterminée principalement par la teneur en matière organique du sol.

Dans les sols à faible teneur en matière organique (la plupart des sols), la teneur en azote est également très basse.

La dégradation des sols induite par l'homme résulte du défrichage afin de créer un espace pour les terres cultivées et de la coupe d'arbres pour fournir du bois de chauffe. Dans la zone soudano-sahélienne et dans d'autres régions semiarides de l'Afrique subsaharienne, le système de production est classé dans la catégorie agro-sylvo-pastorale, ce qui signifie un système intégrant les cultures, les arbres et l'élevage. Une fois que les agriculteurs ont récolté les cultures annuelles, le bétail a la possibilité de pâturer ce qui reste dans les champs. De nombreux producteurs récoltent la paille et le fourrage pour aliment bétail, énergie et clôtures. Le sol, par conséquent, ne «profite» pas de la fertilité que peuvent apporter les résidus de cultures, tel que pratiqué dans l'agriculture de conservation dans le monde entier. En conséquence, vers la fin de la saison sèche, le sol devient totalement nu, exposé au vent et à l'érosion hydrique. Le manque de couverture du sol par les arbres ou par les résidus végétaux entraîne une érosion accélérée. L'érosion éolienne est dominante dans les sols sableux, tandis que l'érosion hydrique est dominante dans les sols plus lourds. Comme la majeure partie de la fertilité du sol est stockée dans la couche supérieure de 2 cm, l'élimination de cette couche par le vent et/ou l'eau réduit considérablement sa fertilité.

Un chercheur de l'ICRISAT-Niger a démontré que la quantité d'éléments nutritifs dans la couche supérieure de sol de 2 cm, qui est éliminée chaque année par l'érosion éolienne, est égale à celle ajoutée par l'application recommandée de 200 kg/ha d'un engrais complet contenant les principaux éléments nutritifs des plantes : azote (N), phosphore (P) et potassium (K) (Buerkert et al, 2006).

Produit fini de l'érosion : la croute latéritique dégradée occupe 60% du paysage au Niger

Les chercheurs travaillant au Sahel ont remarqué que les sols sableux absorbent les eaux de pluie comme une éponge. Il n'y a pratiquement pas de ruissellement dans ce type de sol. Par conséquent, ils ont conclu que dans les sols sableux, il n'y a pas d'érosion hydrique, c'est-à-dire que l'érosion des sols sableux n'est causée que par le vent. *Mais ils se trompent.* Dans les sols sablonneux, le vent et la pluie «coopèrent» en parfaite harmonie pour éroder le sol. Premièrement, le vent ôte le sable et des taches de sol latéritique apparaissent à la surface. Une croûte imperméable à l'eau se forme au-dessus de la latérite, ce qui accélère le ruissellement des eaux. L'eau de ruissellement s'introduit dans le sable et le transporte dans des lits de rivière temporaires et permanents (voir la photo de la dégradation des sols induite par l'eau). C'est un exemple intéressant de coopération entre les forces destructrices de la nature.

La solution propre à la faible fertilité des sols proposée par beaucoup (en particulier les grandes sociétés de monopoles des engrais et maintenant l'Alliance pour une Révolution Verte en Afrique) consiste à utiliser des engrais. Malheureusement, l'application d'engrais n'est pas une très bonne idée si elle n'est pas accompagnée de tentatives massives de lutte contre les problèmes d'érosion des sols. *Et jusqu'à présent, il n'y a eu aucune tentative pour le faire.* Sans contrôle de l'érosion du sol, les engrais masquent en réalité les effets de l'érosion. Les producteurs peuvent continuer à ajouter des engrais pendant un certain temps, en obtenant des rendements raisonnables, jusqu'à ce qu'ils se réveillent un jour et découvrent que *le sol sous leurs pieds a littéralement disparu.*

En fait, de nombreux producteurs se plaignent déjà qu'après avoir commencé à ajouter de l'engrais au sol, ils doivent en augmenter la quantité chaque année pour éviter que les rendements ne se détériorent. Cela prouve que les engrais seuls ne sont pas la solution. De plus, les engrais *sont chers* et le deviennent de plus en plus en raison de la hausse des prix de l'énergie et du monopole des grandes entreprises d'engrais.

En 2012, le coût d'un kilo d'engrais NPK à Niamey, au Niger, était de 0,67 USD. Le prix est encore plus élevé dans les zones rurales en raison des coûts de transport de Niamey et d'autres coûts de transaction. Le taux d'application de NPK recommandé dans la région soudano-sahélienne est de 200 kg/ha, ce qui coûte 134 $/ha au producteur. Actuellement, le prix à la récolte de 1 kg de mil est de 0,45 $/ kg. Cela signifie que les producteurs qui appliquent du NPK doivent récolter 300 kg/ha de mil supplémentaires (ce qui *double* presque les rendements habituels), uniquement pour couvrir le coût de l'engrais. Au cours des années pluvieuses, sur la base de nos expériences, l'utilisation du NPK peut entraîner une augmentation du rendement de plus de 600 kg. Toutefois, lors des années de sécheresse (deux sur cinq dans certaines régions sahéliennes), les producteurs perdront de l'argent en appliquant des engrais parce que les rendements seront bien inférieurs à 300 kg/ha, voire nuls.

Ensuite, il y a la question de la «matière organique». Marenya et Barrett (2009) ont démontré qu'une faible teneur en matière organique dans le sol limite généralement la réponse du rendement à l'application d'engrais minéral. Dans leur étude, les auteurs ont démontré que dans les sols dégradés (la plupart des sols soudano-sahéliens), la très faible teneur en matière organique limitait la productivité marginale des engrais, *de sorte qu'ils devenaient non rentables aux prix en vigueur.*

Le «microdose» est une technologie innovante développée à l'ICRISAT-Niger. Cette technique réduit considérablement la quantité d'engrais nécessaire. L'application localisée de 20 kg/ha de NPK peut produire *le même rendement* que l'épandage de 200 kg/ha d'engrais. Bien que cela semble être une proposition valable, un de mes étudiants de troisième cycle (Ali, 2010) a épandu 200 kg et 40 kg en micro dose de phosphate de diammonium (DAP) dans un champ de mil. Les deux traitements ont été comparés à un champ non fertilisé servant de témoin.

Les résultats ont montré que l'absorption nette de nutriments était beaucoup plus élevée dans le traitement par microdosage que dans le traitement par épandage et **dans le témoin sans engrais.** En d'autres termes, la microdose n'est apparemment pas une technique durable, car, à long terme, il appauvrira le sol beaucoup plus rapidement que lorsque les engrais ne sont pas ajoutés. Les organisations qui préconisent maintenant le microdosage comme moyen de soutenir leurs doctrines sur les engrais doivent être conscientes de ce fait.

Vous ne pouvez pas obtenir quelque chose à partir de rien. N'est-ce pas cela la loi de la conservation de l'énergie?

« Gardez l'Afrique couverte » - les systèmes agroforestiers de la zone soudano-sahélienne

L'agroforesterie est une pratique très courante dans les régions semi-arides du monde. Les habitants des pays tempérés sont rarement familiers avec les systèmes agroforestiers et ont tendance à sous-estimer leur importance.

Le système agroforestier, courant dans la région soudano-sahélienne, constitue une solution pour l'érosion des sols et son appauvrissement, car les racines des arbres retiennent le sol et la couverture forestière réduit la vitesse du vent, retient la poussière et réduit l'impact des gouttes de pluie qui rendent imperméables la surface du sol.

Les arbres recyclent les nutriments tandis que la litière des feuilles et les racines mortes enrichissent le sol. Les racines de nombreux arbres légumineux fixent l'azote atmosphérique.

Traditionnellement, les paysans africains *ne plantent pas* d'arbres, mais ils aident à la régénération d'arbres utiles tels que le *Vitellaria paradoxa* ou noix de karité (karité) et du rustique *Fadherbia albida* en empêchant leur destruction par le bétail.

La plantation d'arbres et/ou le greffage d'arbres indigènes avec des variétés améliorées devraient être la prochaine étape du développement du système d'agroforesterie pluviale de la zone soudano-sahélienne.

1. Technologies pour la production de cultures pluviales

Régénération Naturelle Assistée (RNA)

Dans le passé, la couverture arborée du système agroforestier traditionnel de la zone soudano-sahélienne était plus dense qu'aujourd'hui. La dégénérescence du système agroforestier augmente le taux de perte de terres.

De nombreuses personnes, y compris moi-même, ont imputé la destruction de l'agroforesterie à la pauvreté rurale. Mais Tony Rinaudo nous a prouvé le contraire. Tony est un Australien qui a travaillé pour une ONG appelée SIM (Service in Mission) dans la région de Maradi au Niger. Il a remarqué que de nombreux arbres détruits pouvaient se régénérer à partir de souches, de racines ou de graines. Le problème, cependant, était que les jeunes plantes étaient soit consommées par le bétail, soit «éliminées» par les agriculteurs.

Au début des années 90, après avoir beaucoup réfléchi à cet aspect de «durabilité», Tony a mis au point une technique qu'il a appelée «Régénération Naturelle Assistée». Grâce à ce système, les agriculteurs protègent les jeunes arbres qui apparaissent spontanément dans le champ, les

Régénération naturelle assistée : environ 5 millions d'hectares ont été recouvrés

élaguent et leur donnent une forme de manière à obtenir une production maximale de bois de chauffage.

Tony a proposé cette technique aux agriculteurs qui l'ont acceptée et a commencé à la diffuser avec le soutien du gouvernement et d'autres organisations, et par leurs propres moyens. Environ vingt ans plus tard, dans la région de Maradi-Zinder au Niger, cinq millions d'hectares de terres sont recouverts d'arbres régénérés.

Tony était intéressé par la quantification des avantages économiques de la RNA. Par l'intermédiaire d'un ami australien qui travaillait à Bioversity International (encore un autre institut du CGIAR), il a sollicité une bourse auprès de Mickey Leland International Hunger pour un chercheur américain nommé Eric Haglund afin de mener cette étude. Il m'a ensuite demandé si Eric pourrait être hébergé et assisté par l'ICRISAT-Niger, ce que nous avons accepté avec plaisir. Étant donné que je ne suis pas économiste, j'ai demandé à M. Jupiter Ndjeunga, excellent agro-économiste de l'ICRISAT, de superviser le travail d'Eric et il a accepté.

La Technologie bouses de vaches

Au Sahel, on peut distinguer les utilisateurs des terres primaires (les agriculteurs) et secondaires (les nomades avec troupeaux). Chacun de ces deux groupes croit avoir droit aux mêmes terres. Une fois que les producteurs récoltent leurs cultures, les nomades conduisent leurs troupeaux dans les champs qui deviennent des pâturages. Les nomades n'aiment pas la plantation d'arbres parce qu'ils y voient une menace pour leurs droits de pâturage. Ainsi, de nombreux nomades s'assurent que tous les arbres plantés par les producteurs sont broutés par leurs troupeaux. J'ai cherché une solution à ce problème pendant une longue période. Un jour, j'ai consulté le professeur Hamidou Boly, ancien directeur de l'INERA, ami et vétérinaire de talent. Sa suggestion : « Vous devriez enduire les jeunes arbres de bouse de vaches. C'est un excellent répulsif. Le bétail ne touchera pas un arbre recouvert de bouses. »

Sur ses conseils, j'ai fabriqué un produit de traitement composé de bouse de vache mélangée à de la colle soluble dans l'eau qui permet de fixer la bouse aux jeunes plantes. J'ai nommé cette technologie : la Technologie de bouse de vache ».

Et ça marche. Les jeunes arbres plantés doivent être pulvérisés une fois par mois avec de la bouse de vache. C'est une solution simple à un problème grave.

Deux ans plus tard, Eric a pu montrer que le revenu par habitant dans les ménages d'agriculteurs pratiquant la RNA était de 57 % supérieur à celui des agriculteurs qui n'exercent plus. Il a ensuite démontré que cet accroissement de revenus s'explique principalement par l'augmentation du rendement des cultures (Haglund et al, 2011). Les rendements plus élevés étaient probablement la raison principale de l'adoption de cette technique par les agriculteurs - pas le bois de chauffage supplémentaire comme le prétendent certains - même s'il était nécessaire d'attendre plusieurs années jusqu'à ce que les arbres soient suffisamment grands pour que leur effet se répercute sur les rendements. En raison d'un oubli de ma part, Eric n'a pas mesuré la fertilité du sol.

Je ne peux que deviner que l'augmentation du rendement des cultures provenant d'une moindre érosion du sol combinée à l'ajout de matière organique par les arbres conduit à l'amélioration de la fertilité du sol, tel que cela a été démontré dans d'autres systèmes agroforestiers (Breman et Kessler, 1997).

De nombreuses organisations diffusent maintenant «l'évangile» de la RNA dans d'autres pays d'Afrique de l'Ouest aride. Chris Reij, spécialiste de la gestion des ressources naturelles, dirige ce nouveau mouvement de reverdissement du Sahel par la RNA. Je souhaite à Chris et à d'autres plein succès dans cette entreprise.

Pulvérisation de jeunes acacias avec de la bouse de vache à l'aide d'une machine à enduire les murs

Je considère le «mouvement RNA» comme un point de départ pour introduire des arbres *plantés* utiles dans le système de zones arides et pour augmenter le potentiel des arbres sauvages en greffant des variétés améliorées.

Agroforesterie *Fadherbia albida*

Dans son étude approfondie de la RNA, Eric a évalué les préférences des producteurs pour les arbres en cours de régénération dans leurs champs. *Fadherbia albida* est arrivé en tête de liste. C'était également la principale préférence dans une autre enquête réalisée par ICRAF (2009). *Fadherbia albida* (également connu sous le nom d'*Acacia albida*) est un arbre légumineux des régions sèches d'Afrique et du

Moyen-Orient. En Afrique aride, c'est un arbre qui vit longtemps et qui peut atteindre 15 mètres de hauteur. *F. albida,* contrairement à la plupart des autres arbres d'Afrique sèche, *perd ses feuilles au début de la saison des pluies et les retrouve à en saison sèche.*

En raison de ce comportement inhabituel, durant la saison des pluies, *F. albida* ne rivalise pas avec les cultures annuelles semées en dessous pour l'eau, la lumière, et les nutriments. C'est donc une espèce d'agroforesterie idéale.

Cet arbre a d'autres avantages très importants. En tant que légumineuse, ses racines produisent une symbiose avec une bactérie appelée *Rhizobium* qui fixe l'azote de l'air et le rend disponible pour les plantes, l'azote étant

Dans les sols pauvres, le mil ne pousse que près des arbres *Fadherbia albida*

Mil luxuriant dans une forêt dense de *Fadherbia albida*

l'élément nutritif le plus important pour elles. La litière qu'il dépose et ses racines mortes enrichissent encore le sol en matière organique et en nutriments. Apparemment, les racines de cet arbre retiennent le sol, minimisant ainsi l'érosion (voir l'amas de sable près de l'arbre *F. albida* en haut à gauche), et ses racines très profondes recyclent les nutriments lessivés. Un peuplement dense de *F. albida* réduit également l'érosion du sol en agissant comme un brise-vent. Les gousses sont consommées par les ruminants et sont vendues à des prix élevés sur les marchés ruraux, de même que les feuilles. De plus, ses branches sont utilisées comme bois de chauffe. Il n'est pas étonnant que les producteurs pratiquant l'agroforesterie préfèrent cette espèce d'arbre à toutes les autres.

Dr. Dennis Garrity, l'un des précédents DG de l'ICRAF (Centre Mondial de l'Agroforesterie), est un important promoteur de l'agroforesterie de F. albida. Quand j'ai assisté au forum de la Fondation Gates pour la nouvelle révolution verte pour l'Afrique à Accra en septembre 2010, j'ai été surpris de constater que Dennis se tenait près du bureau des inscriptions avec une pile de brochures annonçant l'agroforesterie de *Fadherbia albida*. Il y avait deux raisons à ma surprise. La première est que généralement le directeur d'un institut de recherche ne distribue pas de pamphlets. Cette tâche est déléguée à un membre de son personnel administratif.

L'autre raison était que cet homme essayait de convaincre les représentants de la Fondation Gates présents à cette réunion, qui étaient de grands promoteurs d'application d'engrais, d'utiliser un «substitut» pour leurs engrais préférés. Cette action a demandé beaucoup de courage à une personne occupant une position aussi centrale. Dennis, je vous tire mon chapeau. L'Afrique a besoin de plus de gens comme vous.

Selon la croyance du peuple sérère du Sénégal, *F. albida* est considéré comme un arbre sacré qui ne doit pas être abattu. Cette tradition a eu pour résultat des populations denses de ces arbres dans leurs champs. Chaque fois que l'on rencontre une population d'arbres très dense de *F. albida*, on sait instinctivement que ces champs sont fertiles et qu'ils produiront des rendements élevés des cultures annuelles.

En outre, des recherches menées en Zambie ont démontré que la quantité de matière organique et d'azote contenue dans les arbres *F. albida* d'un champ de maïs était **deux fois** plus élevée que dans le sol des champs de maïs sans *F. albida*. En l'absence d'engrais, le rendement en grain du maïs poussant sous les arbres variait de 5,1 à 5,6 tonnes/ha. C'est le genre de rendement de maïs obtenu en Zambie avec une application *abondante d'engrais*. Parallèlement, le maïs cultivé *sans F. albida* et *sans* engrais produisait un rendement de 2,6 tonnes/ha, soit moins de la moitié du rendement du maïs planté sous les arbres.

Apparemment, planter *Fadherbia albida* est la solution la plus connue pour une Gestion Durable des terres (GDT) en Afrique semi-aride.

La solution était là tout le temps, mais nous n'en avons pas pris acte.

Remarque : la RNA est en train de devenir un «compétiteur» de l'agroforesterie basée sur le *Fadherbia albida*, en raison de la volonté de nombreuses personnes de générer des ressources pour la mise en œuvre à grande échelle de la RNA. *Cependant, planter F. albida donne des résultats nettement meilleurs que ceux obtenus par la RNA.*

Agriculture en couloirs

L'agriculture en couloirs est encore un autre système agroforestier qui consiste à planter des rangées de plantes pérennes à intervalles réguliers dans un champ de cultures annuelles. Son introduction a été tentée par de nombreux chercheurs, dont moi-même (Pasternak et al, 2005). La théorie sous-jacente à cette technique est que les plantes vivaces sont supposées augmenter la fertilité du sol par fixation de l'azote et en ajoutant de la matière organique au sol principalement par l'épandage du paillis produit par les plantes vivaces dans l'allée. Pour diverses raisons peu claires, la plupart des tentatives d'introduction de l'agriculture en couloirs, y compris la mienne, ont été infructueuses.

Sur la base des enseignements tirés de RNA, où les producteurs ont eu la patience d'attendre 4 à 5 ans jusqu'à ce que les arbres commencent à affecter la fertilité des sols et le rendement des cultures, il me semble que nous pouvons convaincre les producteurs à réellement planter et protéger *Fadherbia albida* dans leurs champs. La densité de 100 arbres/ha est recommandée par ICRAF (et par le gouvernement de la Zambie). Si les gouvernements de l'Afrique aride, appuyés par **UNCCD**, adoptaient la plantation massive de cette espèce comme défi national, **de nombreux problèmes de dégradation des sols en l'Afrique aride pourraient être résolus.**

Je ne suis pas le premier à affirmer : «Gardez l'Afrique couverte». Veuillez noter que je n'ai pas dit : «Gardez l'Afrique verte», comme le font beaucoup de gens. Le problème ne concerne pas la couleur; il s'agit de prévenir la perte massive de sol et de l'enrichir en éléments nutritifs en utilisant des *engrais alternatifs*, à savoir des arbres et des arbustes.

Biorécupération des terres dégradées (BDL)

Chaque fois que je voyage au Sahel, je rencontre des terres dégradées composées de croûtes latéritiques et/ou de sols argileux compactés. Cette réalité déprimante est plus répandue au Niger où, à mon avis, plus de 60 % des terres sont dégradées. Quelle est la raison de cette dégradation désastreuse des terres?

En réalité, le problème a commencé il y a très longtemps, à une époque géologique où le climat soudano-sahélien alternait entre saisons tropicales humides et sèches. Lorsqu'un climat tropical humide régnait, notamment à l'ère Paléo-Eocène (il y a 55 millions d'années), des sols latéritiques se formèrent. Lorsque les tropiques humides ont été remplacés par de longues périodes sèches, ces sols ont été recouverts de sable, et puis, avec le temps, le climat tropical humide revient. Si vous creusez dans le sol sahélien, vous allez découvrir des couches alternées de latérite et de sable, reflétant les changements climatiques survenus au cours des âges.

À partir du néolithique, les sécheresses et le défrichement des terres pour la production agricole ont entraîné la destruction de la couverture végétale. Pendant la saison des pluies, les agriculteurs ont continué à semer du mil, du niébé et (plus récemment) des arachides dans les sols sablonneux. Pendant la saison sèche, les résidus de récolte étaient broutés par le bétail, laissant le sol totalement dénudé et soumis à l'érosion éolienne. Au fil du temps, le vent enlève la couche sableuse et la couche latéritique s'est trouvée exposée. Lorsqu'elle est recouverte de sable ou de végétation, la latérite est un sol poreux présentant un taux d'infiltration raisonnable. Cependant, lorsqu'il est exposé à une alternance de périodes d'humidité et à la sécheresse à des températures élevées, une croûte imperméable se forme à la surface, empêchant ainsi toute infiltration d'eau. Le résultat est la« désertification» classique. Il est courant de trouver des terres en croûte et dégradées presque totalement dépourvues de végétation dans ces régions, même avec des précipitations annuelles de 800 mm. Un «désert» a été créé, bien que les précipitations soient plus importantes que dans de nombreuses zones tempérées à la végétation luxuriante.

Au fil des ans, les gouvernements sahéliens et d'autres ont tenté de récupérer les terres nues et dégradées. L'activité principale dans cette direction a été le creusement de micro bassins qui ressemblent à des demi-lunes, et qui sont donc appelés *demi-lunes*. *Acacia sénégal*, un petit arbre rustique qui produit la célèbre gomme arabique, a été planté dans ces demi-lunes. Un problème s'est posé parce que la terre et les acacias appartenaient à la communauté. Comme la propriété foncière privée n'existait pas, les jeunes arbres ont été détruits par les animaux en pâture. Je n'ai aucune estimation de la superficie plantée, détruite et replantée par la suite, si ce n'est son ampleur.

Mamadou Tanja, ancien président du Niger, aimait beaucoup les plantations de *A. sénégal*. Chaque année, il encourageait leur plantation, en particulier lors de la «Journée nationale de la plantation d'arbres», qui coïncidait avec le Jour de l'indépendance du Niger. En 2002, environ 18 millions de ces arbres ont été plantés sur des terres communales. Malheureusement, ils ont disparu en quelques mois, principalement dans l'estomac des chèvres et d'autres animaux. Dans quelques rares endroits, les arbres ont survécu et ont formé des peuplements épais, mais personne ne récolte la gomme arabique, car le faible rendement en gomme de l'*A. senegal* sauvage décourage de faire une récolte commerciale. À tout au moins, la fertilité des sols est en train d'être restaurée et le Sahel «a l'air verdoyant».

Les gouvernements sont souvent la cause de la dégradation des terres avec l'utilisation de machines lourdes pour construire des systèmes de collecte des eaux de pluie. Les fosses en terre sont construites sur des banquettes et ensuite plus rien n'est fait. Certes, la collecte de l'eau entraîne une production accrue d'herbe pouvant nourrir les animaux, mais cette contribution est négligeable.

Le trou de zaï planté avec du sorgho est une autre technologie introduite par certaines ONG pour restaurer des terres dégradées. Bien que ce système soit efficace, les producteurs de nombreuses régions du Sahel ont été lents à l'adopter en raison des efforts considérables nécessaires pour creuser ces trous dans des sols en croûte. Cependant, je crois que l'adoption de la technologie zaï se fera, car, avec le changement climatique à venir, les trous de zaï qui recueillent l'eau de pluie contribueront à atténuer les effets négatifs des longues périodes de sécheresse entre les pluies, associées à ce changement.

Les sols latéritiques sont en réalité **plus fertiles que les sols sableux**. La capacité de rétention d'eau et la capacité d'échange cationique sont supérieures à celles des sols sableux. *C'est la croûte qui les transforme en terres dégradées.* On peut encore distinguer les latérites «dures» et les latérites «molles». Les latérites dures sont composées de graviers épais et de petites pierres et sont très difficiles à cultiver. Ces sols conviennent aux plantations d'arbres des zones arides utilisant des demi-lunes pour collecter l'eau de pluies pour les arbres. En revanche, les sols latéritiques meubles sont composés de graviers fins, de sable et de limon. Ils sont plus faciles à cultiver et ont une plus grande capacité de rétention d'eau et d'échange cationique que les latérites dures. Les latérites douces peuvent être utilisées pour la production de cultures annuelles ainsi que pour la production d'arbres. Au Mali, les paysans appellent les latérites dures, les latérites mâles et les latérites douces, les latérites femelles.

Après une observation et une analyse approfondie des activités non durables visant à récupérer des terres dégradées, et après mûre réflexion, nous avons développé l'approche de Bio-récupération des Terres Dégradées (BDL) pour la remise en état des terres dégradées, qui répond à la plupart des contraintes, telles que les terres communautaires et les plantations de cultures de faible valeur, qui ont conduit à des échecs antérieurs (Pasternak et al, 2009). Les principes de la BDL sont les suivants :

- La récupération à l'aide du système BDL devrait se concentrer sur les latérites tendres ou sur les sols argileux moins compacts.
- Les terres dégradées à récupérer doivent appartenir aux producteurs.
- Les femmes devraient être responsables de la culture de ces terres dégradées récupérées.
- Les cultures horticoles de grande valeur devraient être plantées dans les terres dégradées en mettant l'accent sur les cultures traditionnellement cultivées par les femmes. Le profit élevé obtenu à partir de ces cultures justifierait le travail nécessaire pour construire et entretenir les différentes structures de collecte d'eau.

En Afrique occidentale, bien que les femmes ne soient pas autorisées à posséder des terres cultivées, elles sont autorisées à cultiver des terres dégradées. Les terres dégradées appartiennent généralement à la communauté et sont gérées par le chef du village. Il est donc possible que le chef attribue ces terres à un groupe de femmes pour de longues périodes. Le groupe de femmes répartit la terre entre ses membres et protège les femmes des étrangers qui pourraient vouloir prendre le contrôle de leurs parcelles. La taille optimale d'une parcelle individuelle de femmes devrait être d'environ 400 m^2 pour une meilleure gestion. Une fois que les arbres commenceront à porter leurs fruits, le revenu net de cette parcelle devrait avoisiner les 150 dollars par an, soit la moitié du revenu annuel des producteurs de nombreux pays sahéliens. Les revenus de BDL peuvent être encore plus élevés si on assure une irrigation additionnelle après les pluies qui va augmenter les rendements des arbres fruitiers, de moringa et de légumes, tout en permettant de planter d'autres légumes résistants à la sécheresse tels que les courges et les pastèques.

Pour les pentes légèrement ondulées qui prévalent dans la région soudano-sahélienne, les directives de la BDL recommandent trois techniques de récupération de l'eau :

- Des micro bassins versants (demi-lunes) plantés de Pomme du Sahel, le jujubier *Ziziphus mauritiana* domestiqués, espacés de 10 x 10 mètres. Les dimensions d'une demi-lune doivent être de 3 x 3 mètres.

- Des trous de zaï plantés avec des légumes rustiques annuels tels que le gombo, l'oseille de Guinée et le niébé

Récolte de gombo et d'oseille de Guinée dans un BDL pendant une année de 250 mm de pluie

Demi-lune et trous de zaï dans un BDL pour la récupération de l'eau

sont espacés de 0,5 x 0,5. Les dimensions du zaï doivent faire 20 cm de large et 20 cm de profondeur.

- Tranchées contiguës, creusées tous les 10 mètres, perpendiculairement à la pente, pour capter les eaux non captées par les trous du zaï et les demi-lunes. Du *Moringa oleifera* et du henné (*Lawsonia inermis*) pourraient être plantés dans les tranchées avec un espacement de 4 mètres entre les arbres.

La technologie BDL offre de nombreuses solutions aux principaux problèmes du soudano-sahélien. L'autonomisation des femmes, la génération de revenus, l'amélioration de la nutrition, la récupération des terres et la lutte contre le changement climatique font partie de ces avantages. Cette technologie a évolué sur une période de cinq ans, au cours desquels divers sites ont été établis dans de nombreuses régions du Niger. En 2011-2012, un projet financé par l'USAID appelé Arziki l'a implantée avec succès dans 140 villages du Niger. Le projet USAID Yaajeende a contribué à la construction de 120 sites BDL au Sénégal et l'ONG CRS (Catholic Relief Service) a créé 150 sites BDL au Niger.

Si l'on ne plante pas d'arbres dans la BDL, les clôtures coûteuses ne sont pas nécessaires pour protéger les plantes pérennes contre les animaux au pâturage. Les femmes ne plantent les légumes traditionnels dans des trous de zaï que pendant la saison des pluies, quand il est interdit aux animaux d'errer dans les champs agricoles.

La technologie BDL est maintenant prête pour une diffusion de masse. Bien qu'elle ne couvre qu'une très faible proportion des sols dégradés de la zone soudano-sahélienne, elle présente des aspects positifs qui changent la vie de ceux qui l'exploitent (c'est-à-dire des femmes et leurs familles).

Des arbres de grande valeur pour les zones arides de l'Éthiopie

Les montagnes du nord de l'Éthiopie sont essentiellement une extension du Sahel. Leur climat est semi-aride et les pluies tombent principalement de juin à septembre avec une courte saison des pluies en mars. La première fois que j'ai visité la région montagneuse du Tigré, j'ai été frappé par la similitude de cette région avec la Galilée d'Israël. Cependant, il manquait quelque chose. Au bout d'un moment, j'ai réalisé de quoi il s'agissait. Alors que la Galilée est recouverte d'olives, de vignes, de figues, de grenades, de chênes, de caroubiers et de pins, le paysage des montagnes du Tigré était totalement stérile.

Pendant des milliers d'années, les producteurs du bassin méditerranéen aride, de l'Asie centrale aride et du Mexique ont mis au point un système d'agroforesterie basé sur des arbres fruitiers, un système qui est encore durable de nos jours. Les producteurs plantent des oliviers et d'autres arbres fruitiers des terres sèches avec un grand espacement et, pendant la saison des pluies, ils intercalent les arbres avec du blé, de l'orge, des pois chiches, du sésame et d'autres

En six ans, Dr Senbeto a récupéré et planté 300 000 hectares de forêt dans les montagnes escarpées du Tigré semi-aride.

cultures. Les produits issus des arbres génèrent un revenu plus élevé que les seuls produits des annuelles, en particulier pendant les années sèches où les arbres les plus résistants à la sécheresse peuvent continuer à produire alors que les cultures annuelles se fanent.

Pour une raison qui dépasse mon entendement, l'Éthiopie, forte de plusieurs milliers d'années de tradition agricole, n'a jamais développé l'agroforesterie à base d'arbres fruitiers. C'est peut-être parce que les petits exploitants n'étaient pas propriétaires de la terre. J'ai ensuite lancé un petit projet visant à introduire des arbres fruitiers méditerranéens rustiques dans cette région, que j'ai appelé «Arbres de Terre Sainte», afin de tirer parti de la grande affinité des Éthiopiens pour la Terre Sainte. J'ai apporté de nombreuses variétés d'olives, de raisins, de grenades, de figues, d'amandes et de Pomme du Sahel (la seule espèce qui ne soit pas

Dr Debesai Senbeto dans l'une de ses pépinières : un géant de taille et d'esprit

originaire des régions de la Méditerranée ou de l'Asie centrale) au Tigré.

Le Dr Debesai Senbeto a travaillé dans le Tigré pour une ONG appelée REST (Relief Society of Tigray) en tant que Directeur du Département des Forêts. Cet homme exceptionnel s'est engagé à récupérer une énorme quantité de terres nues et dégradées et à la planter entièrement d'arbres. Dr. Senbeto a accepté de coopérer au projet «Arbres de Terre Sainte».

Bien que les olives aient poussé très vite, la grande déception était qu'elles tardaient à fructifier à des altitudes inférieures à 2 900 mètres. Cependant, toutes les autres espèces se sont extrêmement bien comportées. Le projet

«Arbres de Terre Sainte» a été transféré à World Vision – Ethiopia et bénéficie du soutien de Tony Rinaudo, qui travaille maintenant pour cette organisation.

Dans les régions semi-arides d'Éthiopie, le système de production comprendra des terrasses, des tranchées, des diguettes en terre et en pierre, des demi-lunes et des trous de zaï pour maximiser la collecte de l'eau et minimiser la dégradation des sols.

2. Cultures arboricoles pluviales

Les arbustes et les arbres rustiques sont beaucoup mieux adaptés aux conditions de croissance difficiles que les plantes herbacées annuelles. Les arbres peuvent prospérer dans des sols stériles et pousser dans des environnements exposés à de fréquentes sécheresses et à des chaleurs extrêmes. Il y a plusieurs raisons à cela.

- Premièrement, les arbres ont un système racinaire plus étendu que les cultures annuelles, ce qui permet d'exploiter l'eau d'un volume de sol plus important. De plus, les feuilles sont recouvertes d'une cuticule cireuse, beaucoup plus épaisse que celle des annuelles, qui empêche la perte d'eau. Pour ces raisons, les arbres peuvent mieux survivre aux «périodes sèches» (longs intervalles secs entre les pluies) que les annuelles. Certains arbres des régions sèches perdent même leurs feuilles et hibernent pendant la saison sèche, nécessitant très peu d'eau pendant cette période.

- Un autre facteur qui donne aux arbres un avantage par rapport aux cultures annuelles est que leurs systèmes racinaires peuvent atteindre les éléments nutritifs lessivés du sol. En outre, de nombreux arbres des zones arides sont mieux adaptés aux températures élevées et au faible taux d'humidité que les annuelles, qui poussent généralement pendant la saison des pluies, plus fraîche et humide.

- Mais la considération la plus importante est peut-être que les racines des arbres enrichissent les sols dans lesquels elles sont plantées et réduisent l'érosion (l'une des plus grandes menaces pour l'agriculture en zones arides), tout en ajoutant des éléments nutritifs au sol. Cette caractéristique est particulièrement remarquable chez les légumineuses arbres : leurs racines fixent l'azote de l'air.

Actuellement, les arbres et les arbustes jouent un rôle plus important dans l'agriculture des régions d'Afrique tropicale que dans l'Afrique aride. Là, les bananes et le manioc sont la principale source de glucides, tandis que la mangue, le cacao, le café, l'huile de palme, la noix de coco et la noix de cajou sont des matières premières nécessaires à la transformation et à l'exportation. En revanche, il existe actuellement peu d'espèces d'arbres de grande valeur en Afrique aride. Ce déséquilibre, cependant, peut et devrait être modifié par la recherche et développement et par la création d'agro-industries transformant les produits des arbres des zones arides.

L'un des meilleurs moyens de promouvoir les plantations d'arbres fruitiers résistants à la sécheresse dans les régions arides d'Afrique est la création d'industries locales de production de jus de fruits, qui utilisent les fruits de ces arbres. Le marché international des jus de fruits représente plusieurs milliards de dollars et croît au rythme de 5 % par an. De nombreux ingrédients de jus consommés dans les pays développés tels que les mangues, les agrumes et les ananas sont produits dans des pays d'Afrique tropicale et exportés sous forme de concentrés vers les pays développés.

Jus à base de mangues

L'usine de jus de Dafani au Burkina Faso est un exemple éloquent de ce qui peut et doit être fait à grande échelle en Afrique aride. Dafani a construit une usine moderne de traitement du jus dans la région de Banfora, qui reçoit environ 1 000 mm de précipitations par an. Cette région est très peuplée de manguiers et, jusqu'à la création de l'usine, il y avait peu de débouchés pour les fruits. En seulement deux ans, Dafani fournissait déjà 70 % du marché des jus de fruits du Burkina Faso et avait commencé à exporter vers des pays voisins tels que le Niger et le Mali. Les propriétaires de Dafani souhaitent acheter des mangues à des prix raisonnables à 20 000 petits producteurs de mangues de la région.

DAFANI, une usine de jus moderne - achat de mangues auprès de 20 000 petits producteurs du Burkina Faso

Jus et huile à base de Marula

La Marula (*Sclerocarya birrea*) est originaire d'Afrique semi-aride. Il est très tolérant à la sécheresse et peut être trouvé dans les régions enregistrant 200 à 300 mm/an de précipitations. Cet arbre a une croissance relativement rapide. Il perd ses feuilles pendant la saison sèche et au nord de l'équateur, il produit des fruits durant les mois de juin et juillet, au début de la saison des pluies.

Dans les environs de la ville de Maradi au Niger, des forêts naturelles de marula s'étendent sur des milliers d'hectares. Une excellente caractéristique de la marula (*Dania* en haoussa) est que les fruits tombent à mi-maturité et peuvent être ramassés au sol, transportés à l'usine pour leur permettre d'y mûrir.

Le jus produit à partir de fruit de marula est très savoureux et très nutritif. Des recherches en Israël ont démontré qu'il contenait plus d'antioxydants que le jus de grenades et pouvait effectivement réduire la pression artérielle chez les personnes souffrant d'hypertension (Borochov-Neori et al, 2008). Les graines de marula contiennent une huile de qualité ayant des applications dans l'industrie cosmétique.

J'ai commencé à promouvoir la création d'une usine de marula à Maradi avec l'idée qu'elle pourrait acheter les fruits avec des femmes et des enfants qui les récolteraient dans la nature.

Nous aurons ainsi une nouvelle source de revenus pour les femmes. J'ai également planté des marula dans des demilunes versants de terres dégradées (BDL) avec d'excellents résultats. La mise en place d'usines de production de jus de marula devrait promouvoir la plantation à grande échelle de cette espèce sur les terres dégradées du Sahel.

Jus à base de *Saba senegalensis*

Saba senegalensis est une vigne (liane) de la région soudanaise de l'Afrique de l'Ouest. Le fruit de saba a la taille et la forme d'une mangue. Les Africains de l'Ouest produisent traditionnellement un jus aigre-doux. À l'heure actuelle, la saba est cueillie à l'état sauvage et vendue dans la plupart des marchés des villes et villages de la zone soudano-sahélienne.

Dr Albert Nikiema, qui a travaillé comme expert en arbres et pépinières au sein de l'équipe de diversification des cultures et des systèmes de l'ICRISAT, a démontré que la saba peut être cultivée sur des treillis comme culture de plantation et que, si elle est irriguée, elle produira des fruits pendant huit mois par an. Il a également démontré qu'il existait une très grande variabilité dans le rendement et la qualité des fruits parmi les sept provenances qu'il avait testées, mais aussi parmi les plants à l'intérieur des chaque provenances particulières, permettant ainsi la sélection de lignées supérieures.

Récemment, la société de jus Dafani a commencé à mélanger du jus de mangue avec du jus de saba. Ce produit est considéré par beaucoup comme étant encore plus savoureux et plus sain que le jus de mangue pur.

L'histoire de la Pomme du Sahel (PDS)

Ziziphus mauritiana est un petit arbre originaire d'Afrique semi-aride et d'Asie du Sud. Le nom français de cet arbre est *Jujubier.* Il produit un petit fruit comestible qui est vendu sur les marchés sahéliens sous sa forme sèche.

Z. mauritiana tolère la sécheresse, le sel et les inondations. Il possède un système racinaire profond qui lui permet de puiser de l'eau de grandes profondeurs. Il perd ses feuilles pendant la saison sèche et pousse avant le début de la saison des pluies. Comme beaucoup d'autres espèces de *Ziziphus*, cet arbre a une grande longévité.

Pomme du Sahel (à gauche) à côté du fruit du jujubier sauvage (à droite)

Cet arbre a été domestiqué en Inde où il s'appelle ber. Le fruit de ber domestiqué est 10 à 30 fois plus gros que le fruit de *Z. mauritiana* sauvage, et le fruit de l'arbre domestiqué est très savoureux et très nutritif. Le fruit de ber domestiqué ressemble à une petite pomme, mais (à mon avis) il a un meilleur goût. *Sur le plan nutritionnel, il contient trois fois plus de protéines, quatre fois plus de calcium et quinze fois plus de fer et de vitamine C que la pomme.*

Z. mauritiana domestiqué a été introduit pour la première fois au Sahel en 1996 par le Dr Modibo Sidibé, un chercheur du SNRA local, appelé IER (Institut d'Economie Rurale) au Mali.

En 1998, en tant que directeur d'IPALAC, j'ai parrainé la visite du Dr Brij Vashishta (le chercheur qui a popularisé

Fruit de la Pomme du Sahel : (à gauche) Variété Ben Gurion, (à droite) Variété Kaithali

l'arbre domestique de ber en Inde) du CAZRI (l'Institut de Recherche Central de la Zone Aride) du Rajasthan, au nord-ouest de l'Inde au Mali pour former des personnes dans la propagation et l'utilisation de l'arbre de ber. À ce moment-là, j'ai envoyé mon technicien pour greffer des arbres de *Z. mauritiana* sauvages avec cinq variétés de *Z. mauritiana* domestiquées dans la cour de l'ICRAF sur le site de Samanko, près de Bamako.

Un autre mécanisme de dissémination de plants de *Z. mauritiana* domestiqués était à travers les agroforestiers du Sénégal et du Burkina Faso qui ont participé à l'atelier annuel d'IPALAC "les arbres pour les terres aride" à Beer

Plants de Pomme du Sahel greffés à la pépinière ICRISAT - 50 000 plants vendus chaque année

Sheva en Israël. À la fin de l'atelier, ces chercheurs ont reçu des plantes à ramener chez eux. Ces mécanismes de diffusion ont déclenché la diffusion des arbres de ber domestiquée dans trois pays sahéliens (Sénégal, Mali et Burkina Faso). Les noms des variétés fournies étaient : Kaithali, Umran, Seb, Gola et Ben Gurion. Cette dernière est une variété sélectionnée par l'équipe du Prof. Yossi Mizrahi, expert en arbres fruitiers des terres arides de l'Université Ben Gurion, et qui porte le nom de l'université. Elle a un rendement élevé et est très savoureuse.

La première chose que j'ai faite après mon arrivée à Sadoré, la station expérimentale de l'ICRISAT-Niger, a été de greffer les cinq variétés de ber domestiquées sur des arbres locaux matures de *Z. mauritiana,* poussant sur ce site. Les variétés utilisées de la Pomme du Sahel avaient été introduites au Burkina Faso par Dr Albert Nikiema, directeur du Centre National de Semences Forestières (CNSF), l'un des chercheurs ayant assisté à notre atelier en Israël et ayant reçu certaines des plantes de *Ziziphus* avant de retourner dans son pays. Dr Nikiema a envoyé son meilleur technicien en greffage d'arbres avec des greffons des cinq variétés à Sadoré. La greffe a été complétée en une semaine.

Lorsque j'ai commencé la promotion du *Ziziphus mauritiana* domestiqué au Niger, j'ai appris que le fruit du *Z. mauritiana* sauvage souffrait d'une mauvaise réputation, car on s'est rendu compte qu'il était principalement mangé par de jeunes enfants et par des chèvres. Ma première tâche a donc été de changer son image.

J'ai décidé de l'appeler « Apple of the Sahel » ou en français «Pomme du Sahel» (PDS). Le fruit ressemble à une petite pomme et son goût et sa texture sont également similaires. Désormais, les habitants sahéliens pourraient dire avec fierté : «Les Européens ont des pommes, mais nous aussi.».

Notre première étape dans le processus de diffusion de cette espèce a été de construire une pépinière pour la propager. Malgré les nombreuses objections de mon personnel local, j'ai formé un groupe de femmes (plutôt que d'hommes) au greffage des arbres et, de 2004 à 2012, cette pépinière a produit environ 50 000 plants de PDS greffés par an.

Nous voulions promouvoir le fruit à Niamey, mais nous ne savions pas comment y parvenir. Cependant, comme cela arrive souvent, le salut est venu d'un milieu inattendu. Nous avons commencé à vendre des fruits de nos différents essais au personnel de l'ICRISAT résidant à Niamey, la capitale du Niger. Le personnel a donné le fruit à leurs enfants pour l'emporter à l'école. Ces enfants ont distribué le fruit à d'autres enfants de l'école, qui l'ont apporté à la maison pour que leurs parents les goûtent, et pour qu'ils contribuent à le vulgariser immédiatement. Nous avons ensuite annoncé sur les antennes de la radio locale et dans les journaux que nous vendions les plantes au bureau de l'ICRISAT à Niamey. En peu de temps, une forte demande de PDS a été créée dans la capitale.

Depuis 2006, la pépinière de l'ICRISAT a vendu des centaines de milliers d'arbres de PDS aux habitants de cette ville, qui ont planté les arbres dans leur cour arrière. En outre, des plantes ont été vendues à des producteurs fruitiers privés dans tout le pays. À ce stade, nous avons commencé à former des hommes et des femmes pépiniéristes des villages au greffage de la plante, encore un autre moyen de diffusion. La Pomme du Sahel est devenue très populaire et la relation existante entre elle et l'ICRISAT était très bien connue. Par exemple, chaque fois que les agents de police de la circulation m'arrêtaient à Niamey, je leur

Former les jeunes au greffage sauvage *Ziziphus* avec Pomme du Sahel

disais que je venais de l'ICRISAT. «ICRISAT», disaient-ils, «Ahhh Pomme du Sahel!» Et ils me laissaient partir sans amende. Eh bien, cet acte, pensaient-ils, était une contribution au développement de leur pays.

La plantation de jeunes plants pose deux problèmes, en particulier dans les zones rurales. La première est que le bétail peut détruire les jeunes arbres, et la seconde est qu'il faut environ six ans pour que la Pomme du Sahel atteigne sa pleine maturité, même si son premier fruit est produit après la première année. Bien souvent, les producteurs n'ont pas la patience d'attendre aussi longtemps que les arbres produisent une quantité raisonnable de fruits.

Ces problèmes ont été résolus avec succès en greffant des arbres sauvages adultes existants. Comme je l'ai déjà mentionné, lorsque j'ai commencé à travailler à l'ICRISAT en 2001, ma première action a été de greffer des variétés améliorées de Pomme du Sahel (PDS) sur des arbres adultes de *Ziziphus* sauvages. Pour une raison quelconque, je n'ai jamais pensé que cette même technologie pourrait également être appliquée dans les champs des producteurs où les arbres poussent à l'état sauvage. Puis un jour de 2009, un de mes techniciens a pris l'initiative de greffer des arbres de *Ziziphus* adultes poussant dans le champ de l'un de nos producteurs pilotes. Après la greffe, les arbres ont donné des fruits en cinq mois seulement. Inutile de dire que le fermier était ravi.

Oualam et Tera sont deux des régions les plus pauvres et les plus sujettes à la sécheresse du Niger. Ces régions

Fermier inspecte son arbre PDS greffé, cinq mois après la greffe. Notez la clôture de tige de mil autour de l'arbre.

regorgent cependant de beaucoup de *Ziziphus* sauvages. Un an après notre succès en matière de greffe, j'ai amené des jeunes de Oualam et de Tera à la station Sadoré de l'ICRISAT, où ils ont été formés à la greffe de Pomme du Sahel sur des arbres adultes et sauvages de *Ziziphus*. Les adolescents (âgés de 16 à 18 ans) ont suivi une formation de cinq jours sur la greffe et le traitement des arbres. À la fin de la formation, ils ont chacun reçu un kit de greffe. Quand ils sont rentrés chez eux, les jeunes ont commencé à greffer les arbres sauvages dans les champs des producteurs et à recevoir un paiement des agriculteurs pour leur travail.

J'ai visité la région de Tera cinq mois après le greffage des premiers arbres, juste avant la maturation des fruits. J'ai apporté des fruits mûrs de PDS avec moi et les ai distribués aux producteurs. Après avoir goûté les fruits, un des agriculteurs a commenté : « Prof. Dov, c'est fantastique. Un seul fruit peut servir de petit-déjeuner à chacun de mes jeunes enfants. Je vais maintenant prendre doublement soin de mes arbres greffés, prêts à donner des fruits. » Pouvez-vous imaginer - un fruit de PDS pour le petit-déjeuner d'un enfant dans un Tera pauvre ? Au moins les enfants auront plus de vitamines et de minéraux des fruits que dans leur petit-déjeuner traditionnel.

Les arbres PDS offrent plusieurs avantages :

Un arbre adulte portera au minimum 30 kg de fruits par an. À l'heure actuelle, 1 kg se vend $1, ce qui signifie que le revenu d'un seul arbre vaut environ $30. Cinq arbres greffés généreront ainsi les mêmes revenus bruts qu'un hectare de mil planté dans ces régions marginales pauvres. Et la valeur nutritionnelle du fruit est supérieure à celle du mil. Le fait non moins important est que les PDS porteront leurs fruits pendant les années de sécheresse lorsque les rendements des cultures annuelles échouent. Il existe de nombreuses possibilités de greffer des centaines de milliers de *Ziziphus* sauvages en zone soudano-sahélienne avec des greffons de variétés sélectionnées de PDS. C'est un moyen si simple et efficace d'améliorer la sécurité alimentaire, la nutrition et les revenus.

En fait, nous sommes en train de lancer un vaste projet de greffe d'arbres dans l'est du Sénégal par le biais d'un programme de sécurité alimentaire de l'USAID appelé Yaajeende. En 2012, environ 250 jeunes ont été formés à la greffe de grands arbres sauvages de *Z. mauritiana* avec des variétés de qualité PDS. Au cours de la première année, 9 000 arbres ont été greffés. Plus de 100 000 jujubiers sauvages devraient être greffés avant la fin du projet. Cela se traduit par 2 000 tonnes de fruits qui seront disponibles, avec une technique aussi simple qu'efficace.

La RNA (page 106) des producteurs de Maradi-Niger embauchent maintenant des greffeurs formés par l'ICRISAT pour greffer les arbres sauvages de *Ziziphus mauritiana* qui ont poussé spontanément dans leurs champs.

Des recherches menées à l'ICRISAT-Niger ont montré que les plantations pluviales de Pomme du Sahel engendraient un bénéfice dix fois supérieur à celui de la culture intercalaire mil-niébé ($500 contre $93 par hectare).

Lorsque les arbres de la Pomme du Sahel ont été intercalés avec des pastèques, les revenus annuels ont atteint 1 370 $/ha.

Tamarin Doux

Tamarin (*Tamarindus indica*) pousse à l'état sauvage dans la région soudano-sahélienne et ses cosses sont utilisées dans la production de jus et comme sauce dans les plats traditionnels. L'acquisition des variétés sucrées de ce fruit a été la tâche logistique la plus difficile de notre activité d'introduction du tamarinier. La Thaïlande est à l'origine du tamarin sucré et exporte de grandes quantités de fruits et de jus. Après avoir identifié une source de greffons en Thaïlande, nous nous sommes renseignés sur les conséquences liées à l'exportation de scions de tamarin doux en Afrique. La réponse est venue une semaine plus tard : «La personne qui tentera de les exporter sera condamnée à cinq ans de prison».

Eh bien, cette porte nous était apparemment fermée. Mais nous étions déterminés à poursuivre notre quête. Nous avons découvert qu'en Floride, des chercheurs de l'USDA possèdent une collection de quatre variétés de tamarin doux provenant de Thaïlande via les Philippines. Ils nous ont facilement envoyé les greffons par DHL (avec tous les certificats phytosanitaires). Cependant, le régulateur DHL était certain qu'il n'existait pas de pays nommé Niger. Il/elle a «corrigé l'erreur» en envoyant les colis au Nigéria. Ainsi, il a fallu trois semaines aux greffons pour nous parvenir.

Étonnamment, le greffage de trois variétés sur quatre a réussi : c'est une plante assez rustique.

Je voudrais saisir cette occasion pour féliciter le gouvernement des États-Unis d'avoir non seulement permis, mais également encouragé des entités à but non lucratif, telles que des organisations de recherche, à utiliser librement tout le matériel génétique (matériel végétal) à sa disposition. Au fil des ans, nous avons reçu gratuitement des greffons de tamarin, des boutures de figues et des semences de gombo de leur banque centrale de gènes, le tout gratuitement et sans craindre d'être emprisonné par des gouvernements avides, et à l'abri de sanctions par les exécuteurs de l'article 15 de la Convention controversée des Nations Unies sur la diversité biologique. Cette générosité et cette ouverture procurent d'énormes avantages aux producteurs pauvres des pays en développement et à l'économie des pays pauvres. USDA, merci de poursuivre votre bon travail.

Karité (*Vitellaria paradoxa*)

Vitellaria paradoxa, appelée «*shea nut*» en anglais et karité en français, est un arbre très important dans les systèmes agroforestiers de la région soudanaise en raison de ses nombreuses utilisations. À partir des noyaux du fruit, les femmes extraient une substance semblable au beurre qui est utilisée comme huile de cuisson et dans divers produits cosmétiques et pour la fabrication de savon traditionnel. Le beurre de karité est également utilisé comme substitut du cacao dans l'industrie du chocolat. Au cours des dernières années, l'industrie cosmétique internationale a commencé à utiliser de l'huile de karité et en paie désormais le prix élevé.

Le moment est venu de domestiquer cette espèce. En effet, des arbres individuels avec des gros noyaux ont été identifiés par plusieurs organisations.

Au Burkina Faso, des greffons de karité amélioré ont été greffés sur des arbres sauvages adultes et on s'attend à ce que les nouveaux arbres greffés produisent au moins le double de leur rendement précédent.

Acacia tumida sur des terres dégradées pour le bois de chauffage renouvelable

Acacia tumida est originaire de l'Australie semi-aride. Il pousse normalement sur les sols sableux et prospère dans les sols basiques et acides. *A. tumida* a enregistré les meilleurs résultats sur huit espèces d'arbres tolérants à la sécheresse qui ont été plantés dans des demi-lunes dans un sol latéritique dur et dégradé. Ses graines sont riches en protéines, en huile, en fibres et en microéléments et peuvent être utilisées pour l'alimentation du poulet. La production annuelle moyenne de semences dans les terres dégradées dans une région où les précipitations annuelles sont de 500 mm est d'environ 200 kg/ha. Contrairement à beaucoup d'autres acacias australiens comme *A. colei* et *A. cyanophilla, A. tumida* est une espèce avec une longue espérance de vie. Élagué à un mètre de hauteur, il se régénère bien. Pour cette raison, je l'appelle un arbre pour «bois

Acacia tumida âgé de deux ans planté dans des demi-lunes sur des terres dégradées - production de biomasse exceptionnelle

de chauffage renouvelable». Élagué tous les deux ans, cet arbre peut produire une tonne de bois de chauffage par hectare et par an dans une région où les précipitations sont de 500 mm/an.

Les plantations d'*Acacia tumida* sur des terres dégradées à proximité des villes soudano-sahéliennes pourraient constituer une solution à la destruction actuelle des espèces ligneuses qui répondent à la demande sans cesse croissante de bois de chauffage. Cependant, comme mentionné ci-dessus, la plantation *ne doit pas* être dans des plantations gouvernementales ou communales. Quand quelque chose appartient à tout le monde, il n'appartient à personne. Les arbres plantés sur des terres communales seront facilement détruits par le bétail ou coupés pour le bois de chauffage par des intrus. Les plantations doivent appartenir à des producteurs qui en prendront soin et protégeront les arbres. La collecte de bois de chauffage destinée à la vente dans les villes est une activité génératrice de revenus généralement réalisée par des jeunes sans terre. Des terres dégradées pourraient être données à ces jeunes pour y planter des *Acacia tumida,* les gérer et gagner leur vie.

Il est possible de mettre fin à la destruction d'espèces d'arbres **indigènes** en plantant des espèces d'arbres **exotiques** sur des terres dégradées. Cela ressemble à un paradoxe, n'est-ce pas?

Mamby Fofana à côté d'un des arbres d'*Acacia senegal* sélectionné. Cet arbre donne 1.0kg de gomme par an.

***Acacia senegal* (gomme arabique)**

Quand les gens non-initiés parlent de plantations d'arbres dans la région du Sahel, ils pensent à *Acacia senegal* pour la production de gomme arabique. C'est parce qu'ils ne sont pas au courant ou hésitent à essayer d'autres options. La Banque Mondiale et l'USAID s'emploient désormais à promouvoir la plantation de ces arbres dans les pays du Sahel. Apparemment, ils ne sont pas au courant des faits économiques suivants :

Premièrement, la taille du marché de la gomme arabique est relativement petite. On estime que les exportations de tous les pays producteurs de gomme arabique d'Afrique sèche (notamment le Soudan et le Tchad) ne représentent qu'environ 60 000 tonnes par an. Si la production augmente au-dessus des niveaux actuels, les prix chuteront considérablement en raison du marché limité, tandis que si les prix augmentent, la gomme arabique sera remplacée par d'autres gommes moins chères.

Une autre préoccupation est que le rendement moyen actuel en gomme arabique dans la plupart des pays sahéliens est de 125 grammes par arbre par an. Cela se traduit par 78 kg/ha. Le meilleur prix qu'un producteur puisse obtenir pour sa gomme arabique est de 1,0 dollar par kg, ce qui lui rapporterait 78 dollars par hectare. Au lieu de cela, si le même producteur peut cultiver du mil dans son champ, il obtiendra un rendement de 300 kg/ha et un revenu brut de 90 dollars dans les régions où les précipitations sont de 400 mm par an, ce qui est supérieur au revenu tiré de la gomme arabique.

Le coût pour creuser des demi-lunes, de planter et d'entretenir des plantes est d'environ 250 $ par hectare. Un producteur doit ensuite attendre cinq ans pour obtenir le premier rendement en gomme, retardant ainsi tout bénéfice économique. Ce n'est qu'alors qu'il tirera un revenu brut de 78 $/ha par an de la gomme.

Le coût élevé de production de gomme arabique, associé au faible revenu par hectare, conduit à planter *Acacia senegal* sur des terres dégradées non cultivées plutôt que sur des sols plus fertiles et destinés à la production de cultures. Le meilleur moyen de rendre la production de gomme arabique plus rentable est d'obtenir une augmentation très significative du rendement en gomme. Et c'est possible.

Sur cette lancée, Mamby Fofana, suivi d'Albert Nikiema de l'ICRISAT, ont tenté de sélectionner des arbres individuels à haut rendement d'*A. senegal* et ont découvert qu'il existait des arbres individuels originaires du Soudan produisant 800 g de gomme par arbre. Sur la base des travaux menés à l'Institut de Recherche Centrale sur la Zone Aride (CAZRI - Central Arid Zone Research Institute), Albert Nikiema a démontré que le rendement en gomme pouvait être encore augmenté grâce à l'application de produits à base d'éthylène du commerce. Les arbres sélectionnés avec des rendements élevés en gomme ont été greffés sur le porte-greffe local d'*A. senegal*, car le matériel génétique local est plus tolérant à la submersion d'eau et aux sécheresses que le matériel génétique soudanais.

Si des plantations avec 0,8 kg de gomme par arbre (au lieu de la moyenne de 0,125 kg) peuvent être plantés, il en résulte un revenu brut de 500 dollars par hectare, un très bon revenu. Il y a des rumeurs persistantes selon lesquelles, dans la région de Dourbali au Tchad, il y aurait des arbres *A. senegal* qui produiraient environ 4 kg de gomme par an. Si cela peut être confirmé et que des variétés peuvent être greffées sur du germoplasme local (en pépinière ou sur le terrain comme nous l'avons fait avec Pomme du Sahel), les plantations d'*A. senegal* pourraient devenir une entreprise très enrichissante au prix actuel à la production de 1,0 dollar par kg.

Au Soudan, il est de tradition de planter des arbres *d'A. senegal* en jachère pour améliorer la fertilité des sols. Toutefois, les zones de plantation au Soudan diminuent en raison de contraintes économiques et socio-économiques ainsi que de la demande de terres cultivables. Ailleurs dans le Sahel, la gomme arabique est collectée sur des arbres sauvages par des tribus nomades (principalement par les femmes, car les hommes ne s'embarrassent pas du faible revenu généré par les arbres) afin d'augmenter les revenus du ménage.

À l'heure actuelle, je ne recommande pas de planter *A. senegal* dans les pays sahéliens à l'aide de matériel génétique local. Cependant, le potentiel de cette culture de plantation est énorme si des variétés à haut rendement greffées sur des arbres locaux et des technologies permettant d'augmenter le rendement en gomme peuvent être mises en œuvre. J'espère que des instituts comme l'ICRAF (le Centre Mondial de l'Agroforesterie) se pencheront sur ce problème.

Domestication des arbres

La domestication des plantes (et des animaux) est probablement l'activité scientifique la plus ancienne de l'humanité. Cette action a permis de faire passer la race humaine du statut de chasseurs et de cueilleurs à celle d'agriculteurs sédentarisés et en sécurité alimentaire jusqu'à la création d'une «civilisation».

La domestication des arbres n'a culminé qu'entre les 17e et le 19e siècles, à la suite de l'extension du colonialisme et de la découverte de nouvelles espèces de plantes utiles telles que le manioc, le cacao, le café, les noix de cajou, les noix de pécan, les papayes, les bananes, le tabac, les noix de coco, huile de palmiers, hévéas et beaucoup d'autres. Cette vague relativement récente de transfert et de domestication des arbres a eu un impact très important sur l'économie des régions tropicales du monde.

Malheureusement, le colonialisme s'est concentré sur la domestication des arbres pour les climats tropicaux plus favorables et a totalement négligé les régions sèches du monde. Je suis convaincu que la domestication d'arbres fruitiers tels que le marula, *Saba senegalensis*, le karité et d'autres pour les *régions sèches* du monde aurait un impact sur la productivité durable de ces régions, égal à l'impact de l'amélioration génétique de l'hévéa et du cacaoyer dans les économies des pays tropicaux. Le cas de la Pomme du Sahel en Inde et au Niger est un excellent exemple de l'effet de la domestication des arbres dans les régions sèches.

Le Professeur Yossi Mizrahi, spécialiste de la domestication des arbres à l'Institut d'Agriculture et de Biologie Appliquée de l'Université Ben Gurion, en collaboration avec une ONG finlandaise, a découvert une nouvelle méthode de domestication rapide de la sous-espèce *caffra* (marula), *Sclerocarya birrea*. Premièrement, des porte-greffes de marula ont été préparés dans une pépinière. Ensuite, un concours a été organisé parmi les écoliers des zones rurales. L'enfant capable d'identifier les arbres de marula avec les rendements les plus élevés et les fruits les plus gros et les plus savoureux recevrait un prix.
Soudain, les chercheurs ont eu des centaines de « prospecteurs de matériel génétique ». Les meilleurs arbres ont été greffés sur les porte-greffes prêts de la pépinière et acheminés dans des stations de recherche pour une évaluation scientifique. Cette approche a abouti à cinq nouvelles variétés de marula de qualité.

Pendant 25 ans, j'ai dirigé un institut qui excellait dans la domestication des arbres pour les terres arides. Cet institut (IAAB) était responsable de la domestication de nombreuses espèces pérennes, notamment le jojoba (*Simmondsia chinensis*), le figuier de Barbarie (*Opuntia ficus indica*), diverses espèces de pitaya (*Acanthocereus,*

Echinocereus, Hylocereus, Selenicereus et *Stenocereus*), les marula (*Slerocarya birrea*), diverses espèces d'eucalyptus des zones sèches, de plantes ornementales et d'halophytes.

La domestication des arbres n'est justifiée que s'il existe un marché pour leurs produits. Il est souvent nécessaire de développer le marché avant ou parallèlement au processus de domestication. Par exemple, il est insensé d'augmenter le rendement d'*Acacia senegal* en greffant des variétés améliorées s'il n'existe pas de marché pour absorber la production supplémentaire.

3. Cultures pluviales

Jusqu'ici, j'ai décrit les systèmes basés sur les arbres pour une Afrique aride qui vise à lutter contre la désertification, tout en créant des revenus pour les producteurs. Dans la plupart de ces systèmes, les arbres sont associés avec les cultures annuelles.

À l'heure actuelle, environ 98 % des terres agricoles des régions tropicales semi-arides sont utilisées pour la production de cultures pluviales. Certaines de ces cultures, telles que les arachides et le niébé, et dans une moindre mesure, le maïs et le sorgho, sont également utilisées pour générer des revenus. Je ne décrirai pas les céréales et les arachides en profondeur, car ces cultures sont couvertes par l'ICRISAT, le GCRAI et les SNRA. Dans tous les cas, mon travail consistait à diversifier les cultures traditionnelles prescrites par l'ICRISAT. Néanmoins, je mentionnerai brièvement certaines variétés spéciales de mil et de sorgho, mais l'accent sera mis sur le dolique, le niébé à double usage, le mil fourrager et l'oseille.

Dolique (*Lablab purpureus*) : la culture ultime pour la «sécurité alimentaire»

Le dolique est une légumineuse rampante ressemblant au niébé. Il est originaire d'Afrique, mais il est principalement produit et apprécié sur d'autres continents, notamment en Asie du Sud, en Australie et en Amérique du Sud. L'avantage de cette espèce pour les régions semi-arides réside dans son

Dolique poussant à partir de l'eau stockée dans le sol d'un lac en décrue.

La vente de fourrage de dolique dans la ville en mars qui est une période de carence.

système racinaire profond qui lui permet d'extraire l'eau et les nutriments des couches profondes du sol.

Le dolique peut produire des rendements élevés en grains et en fourrage uniquement à partir de l'humidité résiduelle dans le sol. En Inde, il est semé dans les rizières en saison sèche, utilisant ainsi l'humidité résiduelle laissée après le riz. Au Brésil et au Nigéria, il est planté avec du maïs épandu sur l'humidité résiduelle du sol après la récolte. À Tahoua, au Niger, il est semé dans des champs de sorgho poussant sur des sols lourds et légèrement inondés, dans le sol de lacs en régression saisonnière et dans des lits de rivière asséchés. S'il est associé à du maïs ou du sorgho, le dolique doit être semé 2 à 4 semaines après le semis de ces céréales, de manière à ne pas réduire le rendement en grain.

Le rendement en grains de le dolique varie de 1 à 3 tonnes/ ha, soit le double de celui du niébé dans la région soudano-sahélienne. Son rendement fourrager varie de 2 à 4 tonnes/ ha et ses feuilles sont utilisées comme légumineuses cuites savoureuses. Un autre avantage est que le dolique fixe l'azote atmosphérique au taux de 15 à 40 kg pour 1 000 kg de matière sèche produite. Le dolique fournit ainsi des protéines, des vitamines et des minéraux destinés à la consommation humaine, du fourrage pour les ruminants en période de forte demande, et améliore la fertilité du sol.

La bonne nouvelle à propos de le dolique est qu'il n'est généralement pas nécessaire d'appliquer des engrais ou de pulvériser contre les parasites et les maladies (Pasternak, 2013).

La raison pour laquelle je considère le dolique comme la culture ultime pour la sécurité alimentaire est que lorsque nous la plantons sur des sols saturés en eau *après* la pluie ou *après* le riz, *nous sommes* ***assurés*** *d'obtenir un bon rendement.* Cela contraste avec les cultures pluviales conventionnelles telles que le niébé planté au début de la saison des pluies, où rien ne garantit un rendement raisonnable en raison de longues périodes sèches possibles et de sécheresse.

À l'exception du Nigéria et du Kenya, aucune recherche n'a été menée sur la dolique dans les pays d'Afrique aride.

En outre, très peu d'agences de développement, voire aucune, n'ont pris la peine de diffuser des informations sur cette culture exceptionnelle. Un exemple typique est la liste récemment établie des légumineuses à promouvoir en Afrique sèche, publiée par AGRA. Sans surprise, le dolique était absent de la liste.

Niébé à double usage (grain / fourrage)

J'ai consacré plus de temps de recherche au niébé qu'à toute autre culture pluviale, et l'explication est qu'il s'agit de l'une des rares cultures commerciales de grande valeur produites au Sahel. Le fourrage est vendu en grande quantité dans les villes et villages, où les résidents élèvent traditionnellement du bétail dans leur arrière-cour. La plupart des variétés améliorées de niébé utilisées dans les zones arides d'Afrique de l'Ouest ont été cultivées au fil des années par l'IITA (Institut International d'Agriculture Tropicale) dans une région soudanaise enregistrant plus de 1 000 mm de précipitations par an. La sélection génétique pour la région sahélienne a été effectuée par les Services Nationaux de Recherche Agronomique (SNRA), utilisant principalement du matériel génétique de l'IITA.

Le niébé est originaire d'Afrique aride et il est probable qu'il soit attaqué par une multitude d'organismes nuisibles, à tel point que si les producteurs ne le pulvérisent pas, le rendement peut être réduit à 10 % de son potentiel. Il se trouve que les producteurs ne pulvérisent généralement pas le niébé. Ainsi, ma sélection a été à la fois orientée vers les variétés tolérantes à la sécheresse et aux parasites. J'ai commencé le processus de sélection avec environ 60 variétés de niébé, y compris certaines originaires du Mexique. Le processus de sélection s'est terminé avec deux variétés à double usage : ISV 128 et ISV 20. Ces variétés sont en fait des variétés locales (variétés développées par des producteurs locaux) de la région aride de Zinder, l'ancienne capitale du Niger, qui enregistre environ 400 mm de pluie/an. Les rendements en grains et fourrages de toutes les variétés locales ont été supérieurs à ceux des variétés de l'IITA dans les régions plus arides du Niger.

Mil à grain

En Afrique de l'Ouest aride, la sélection du mil représente un défi de taille pour les chercheurs. Dr Oumar Niangado, un vétéran en sélection de mil du Mali, explique que chaque région de la zone soudano-sahélienne a développé ses propres cultivars, sélectionnés depuis des centaines d'années pour s'adapter au microclimat et aux sols de la région. C'est pourquoi il est très difficile de remplacer les cultivars «locaux» par des variétés «améliorées». Mais il existe une exception appelée mil HKP. Le mil HKP est une variété de *courte durée* avec une résistance élevée à la chenille mineuse de l'épi, principal insecte ravageur du mil. Partout où il a été testé, il a obtenu de meilleurs résultats que les variétés locales, spécialement dans les régions à faibles précipitations, mais pas seulement.

La plupart des variétés pluviales de la zone soudano-sahélienne ne commenceront à fleurir que lorsque les jours seront plus courts. Les variétés de mil «de courte durée» (70–80 jours du semis à la récolte) fleurissent (et par conséquent produisent des grains) avant les variétés de «longue durée». Ceci est un avantage significatif dans les régions où la saison des pluies est courte.

Mil fourrager

Le fourrage est un facteur limitant majeur pour la production animale dans la région soudano-sahélienne. Le mil (*Pennisetum glaucum*) est une espèce dite de Carbone 4 (C4) dotée d'un système photosynthétique très efficace. Dans de nombreux pays du monde, le mil est une culture fourragère, mais *pas* dans le Sahel d'où il est originaire, car ses producteurs, en situation d'insécurité alimentaire, accordent la priorité à la production en grains, par rapport à la production fourragère.

Pendant deux ans, j'ai évalué cinq variétés de mil pour la production de fourrage. Toutes les variétés testées ont commencé la floraison tardive (longue durée), permettant une plus grande production de biomasse verte avant la floraison par rapport aux variétés traditionnelles de courte durée. La variété Malgorou a donné un rendement en matière sèche de 8,5 tonnes/ha lors de la récolte au stade grain pâteux avec 450 mm de pluie au cours de l'année.

Parce que nous voulions démontrer ce potentiel aux producteurs, j'ai demandé à l'un de mes manœuvres de couper le mil devant un groupe de producteurs sélectionnés. Cet acte a presque abouti à un désastre. Les producteurs ont pratiquement attaqué le pauvre ouvrier pour avoir récolté la plante avant que les grains ne soient formés, car pour eux, c'était une hérésie. Ils considèrent le mil comme une culture presque sacrée. Vous ne pouvez utiliser le fourrage qu'après la récolte des grains (même si, à ce stade, le fourrage est de très mauvaise qualité).

Alors que les producteurs traditionnels nigériens peuvent résister à la production de mil pour le fourrage, les producteurs commerciaux de la zone soudano-sahélienne s'occupant de nourrir les animaux seront ravis de cette idée. Bien entendu, la question est de savoir qui devrait partager ce concept et diffuser les semences de cette variété fourragère exceptionnelle appelée Malgorou. Soit dit en passant, cette variété peut également être utilisée comme mil à double usage (grain/fourrage), car le poids de la paille qui reste après la récolte est très élevé (6,6 tonnes/ha pendant une année sèche).

Sorgho à double usage (grain / fourrage)

Comme le fourrage est un produit très important dans la zone soudano-sahélienne, il est logique, chaque fois que cela est possible, de privilégier les variétés de sorgho à double usage. Les variétés de sorgho Sepon 82 et Malisor produisent un fourrage de qualité tout en offrant un rendement en grain élevé dans les régions à faibles précipitations.

Calices d'oseille prête pour la récolte

Oseille de Guinée (*Hibiscus sabdariffa*)

L'oseille de Guinée est un hibiscus annuel qui, comme le coton et le gombo, appartient à la famille des malvacées. La particularité remarquable de l'oseille est sa tolérance à la très faible fertilité du sol. Elle est également tolérante à la sécheresse et aux sols à pH bas et élevé. Pour ces raisons, elle pousse extrêmement bien (relativement) sur les sols pauvres du Sahel. Le principal produit de l'oseille est constitué de calices succulents, contenant un pourcentage élevé d'anthocyanes, pigment qui donne une couleur rouge à de nombreux fruits et autres produits agricoles, et constitue un excellent antioxydant. Les calices aigres séchés sont utilisés pour la production d'un jus sain populaire appelé *bissap* en Afrique de l'Ouest et *karkade* au Soudan et en Égypte. Comme beaucoup de cultures pluviales de la zone soudano-sahélienne, l'oseille est sensible à la longueur du jour : c'est le raccourcissement des jours qui induit la formation de fleurs.

Après la fermentation, les graines d'oseille sont utilisées dans la plupart des régions du Sahel comme sauce savoureuse. Mais les graines peuvent également être utilisées pour l'extraction de l'huile et comme aliment concentré pour animaux. Les feuilles tendres de cette plante sont largement utilisées comme légumes. Les fleurs des variétés à sépales verts sont également utilisées comme légumes.

Oseille comme légume feuilles

Les tiges d'oseille peuvent être utilisées pour la production de corde et de papier et les feuilles sèches pour le fourrage des animaux.

Les calices séchés d'oseille constituent un bon marché à l'exportation vers l'Europe et les États-Unis, où ils sont transformés notamment en tisanes, en boissons diverses, en colorants alimentaires et en produits cosmétiques. Les importations annuelles de calices secs d'oseille dans ces deux régions avoisinent les 60 000 tonnes. Les pays côtiers tels que le Sénégal exportent environ 1 000 tonnes par an. Les exportations des pays sans littoral tels que le Burkina Faso, le Niger et le Mali posent problème en raison de la nécessité de transporter les marchandises par voie de terre vers des ports éloignés.

Une grave préoccupation est que l'oseille épuise le sol en éléments nutritifs. Pour cette raison, les producteurs (principalement des femmes) la plantent à la périphérie des champs cultivés. Mais mon expérience a montré que si elle est plantée dans des trous de zaï enrichis de fumier, on peut la cultiver sans craindre l'épuisement des nutriments. La majeure partie de l'oseille produite est consommée sur place par le producteur, ou vendue sur les marchés locaux. Davantage de recherche et de promotion sont nécessaires pour augmenter la production de cette culture, car elle convient mieux aux sols et aux conditions climatiques soudano-sahéliennes.

En 2002 et 2003, j'ai mené une série d'expériences pour étudier les performances de l'oseille comme culture de plein champ. Trois variétés ont été testées : une avec des calices pourpres originaires du Sénégal, une avec des calices roses de Niamey, Niger et une troisième avec des calices roses courts de Tanout, une région aride située à l'est du Niger. Le rendement en calices secs était similaire entre les trois variétés, allant de 450 à 500 kg/ha. Cependant, la variété Tanout est arrivée à maturité trois semaines plus tôt et a donné des rendements en grains supérieurs à ceux des deux autres variétés.

En 2008, nous avons découvert une plante d'oseille isolée qui n'était pas sensible à la photopériode. Elle a fleuri beaucoup plus tôt que le reste de la population. J'imagine que c'était un croisement spontané entre les variétés Niamey et Tanout. Cette plante isolée est à l'origine d'une nouvelle variété de courte durée, à haut rendement et de haute qualité, que nous avons baptisée variété «Sadoré». Sadoré semble se porter très bien dans les régions plus arides du Niger.

L'oseille n'est pas une nouvelle culture au Sahel, mais jusqu'à présent, cette région était incapable d'établir une industrie d'exportation solide avec cette culture. Les calices d'oseille de bonne qualité peuvent être vendus à 1,0 USD/ kg aux prix à la production, ce qui représente environ 450 USD de revenu brut par hectare. Par conséquent, les gouvernements et les agences de développement, en particulier dans les pays côtiers, devraient relever le défi d'accroître les exportations de cette culture.

Chapitre 5

L'irrigation est la solution

Environ 98 % des terres cultivées soudano-sahéliennes dépendent de l'eau de pluie; seulement 1 à 2 % des champs sont irrigués. Les mauvaises récoltes dues à la sécheresse surviennent deux années sur cinq. Par exemple, le Sahel, à la frontière avec le Sahara, a souffert de la sécheresse en 2005, en 2009 puis de nouveau en 2011.

Dans la région soudano-sahélienne, avec son réseau routier modéré, il est relativement facile, en cas de besoin, de transporter de la nourriture provenant de régions à fortes précipitations telles que le Bénin, le Ghana et le sud du Mali, jusqu'aux régions du nord touchées par la sécheresse. Mais naturellement, le prix des aliments importés sera plus élevé que celui des aliments produits localement.

En Afrique aride, *les gens deviennent affamés après les sécheresses, non pas par manque de nourriture, mais parce qu'ils n'ont pas les ressources nécessaires pour acheter les aliments à des prix plus élevés.*

Pour acheter de la nourriture, les paysans désespérés vendront leurs biens, y compris des animaux domestiques et des outils agricoles, mangeront les semences qu'ils ont conservées pour la saison suivante, couperont et vendront du bois de chauffage et migreront vers des endroits où ils pourront trouver un emploi temporaire. Ainsi, au retour des pluies, ces producteurs se retrouvent sans les semences ou les outils nécessaires pour travailler la terre, ni les animaux pour leur procurer de l'argent en espèces. Par conséquent, pour un producteur, il faut des années pour se remettre d'une sécheresse. Et quand il y arrive, une nouvelle sécheresse est imminente.

Avec de telles fréquences de sécheresse, le système agricole pluvial de la zone soudano-sahélienne n'est pas durable.

On peut penser à un certain nombre de stratégies pouvant atténuer les effets de la sécheresse. L'une d'elles est la plantation de variétés de cultures à cycle court. Par exemple, certaines variétés de mil arrivent en maturité 70 au lieu de 90 jours après le semis et peuvent donc produire des grains, même si les pluies s'arrêtent plus tôt que d'habitude. Une autre stratégie consiste à compter sur les arbres et leurs produits. Comme indiqué précédemment, les arbres sont beaucoup moins affectés par les épisodes de sécheresse entre les pluies que les cultures annuelles et ils ont donc une meilleure chance de produire dans des conditions de sécheresse. Une autre stratégie non moins intéressante est la collecte de l'eau, comme dans le BDL.

Mais l'irrigation est de loin le moyen le plus prometteur pour une agriculture durable et rentable dans la zone soudano-sahélienne et dans d'autres régions arides d'Afrique.

En 2009, une sécheresse sévère dans l'est du Niger a provoqué la famine de millions de personnes. Un jour, j'ai décidé de faire appel à un ami agriculteur dans un village situé sur la route reliant Zinder à Diffa, une région où la sécheresse était la plus grave. Le village est situé près d'un site avec une nappe phréatique peu profonde, utilisée pour la production de légumes. Je lui ai demandé comment lui et son village faisaient face à la faim : « Faim ? » il a dit : « Oh oui, j'en ai entendu parler à la radio. Mais comme vous le savez, les agriculteurs de mon village vivent de légumes *irrigués* et de manioc, et ici, il n'y a pas de famine. »

Bien que la zone soudano-sahélienne soit une région sèche et que les gens associent toujours les régions sèches à la rareté d'eau, *cette région dispose en fait de ressources en eau suffisantes.* Outre le déversement de 80 milliards de m^3 / an des trois principaux fleuves sahéliens (les fleuves Chari, Niger et Sénégal), il existe des milliards de mètres cubes d'eau dans les aquifères peu profonds et des milliards dans des lacs artificiels et naturels. En outre, l'aquifère de grès nubien sous-jacent au Sahel abrite environ 65 millions de *kilomètres* cubes d'eau fossile. Cette eau attend le jour où d'autres sources d'eau deviendront surexploitées.

L'irrigation goutte-à-goutte a été développée en Israël. Au cours des années qui ont suivi son invention, les sociétés du système de goutte-à-goutte ont ajouté de nombreuses pièces auxiliaires au système (pompes à engrais, filtres autonettoyants, régulateurs d'irrigation), faisant de l'irrigation goutte-à-goutte un système assez coûteux et complexe à exploiter. À cette époque, j'étais d'accord avec la plupart des experts pour dire que l'irrigation goutte-à-goutte n'était pas une option convenable pour les producteurs pauvres et inexpérimentés.

En 1982, j'ai fait volte-face sure me suis complètement écarté de ma position à ce sujet lorsque j'ai visité la région côtière de l'Égypte occidentale avec des chercheurs égyptiens et israéliens. Aux alentours de Marsa Matrouch, nous nous sommes rendus dans une petite station agricole expérimentale où le gérant, qui ressemblait à un *felaheen* (paysan) égyptien typique, a présenté un système d'irrigation goutte-à-goutte à basse pression qui irriguait un petit verger d'oliviers.

Après avoir entendu parler de l'irrigation goutte à goutte, cet homme avait acheté à Alexandrie des tuyaux en polyéthylène de 16 mm et de petits tubes ressemblant à des spaghettis. Ensuite, il a coupé les tubes spaghettis en morceaux de 20 cm et les a plongés dans les tuyaux latéraux de 16 mm, les transformant en émetteurs de gouttes. Il a rempli un réservoir constitué de blocs de béton et l'a positionné à quatre mètres au-dessus du champ avec de l'eau pompée d'un aquifère de dunes de sable, créant ainsi

l'un des premiers systèmes de goutte-à-goutte à basse pression au monde.
Inutile de dire que c'est à ce moment que j'ai perdu toutes mes idées fausses sur l'exclusivité du goutte à goutte.

Maintenant que nous sommes conscients du potentiel énorme de l'eau disponible pour l'exploitation, deux questions viennent à l'esprit :

1. S'il y a tant d'eau, pourquoi personne ne prend-il des mesures pour l'utiliser?

2. L'exploitation de l'eau pour l'irrigation étant assez coûteuse, quelles sont les cultures qui peuvent «payer» pour le cout de l'eau et quels sont les systèmes d'irrigation adéquats ?

La réponse à la première question est que les gouvernements, avec d'autres, ont effectivement beaucoup réfléchi à l'irrigation (peut-être pas dans le contexte général décrit ci-dessus), mais jusqu'à présent, les résultats de la performance réalisée n'ont pas été satisfaisants, ce qui a découragé d'autres tentatives d'exploitation des eaux. Par exemple, le Burkina Faso est un pays disposant de maigres aquifères d'eaux souterraines peu profondes, en raison des roches granitiques non poreuses qui recouvrent une grande partie de sa surface. Au cours des 30 dernières années, environ 1 700 barrages ont été construits pour exploiter l'importante quantité d'eaux de ruissellement. Alors que la quantité d'eau stockée chaque année dans ces réservoirs s'élève à 2,7 milliards de m³, *seulement 12 % de l'eau stockée est utilisée pour l'irrigation*. La grande majorité est perdue par évaporation et percolation profonde (DGIRH, 2001). Le gouvernement du Burkina Faso n'a pas encore trouvé de moyen efficace pour utiliser la majeure partie de l'eau stockée dans ses lacs artificiels.

Le coût élevé de la mise en valeur (et de l'approvisionnement) de l'eau dans les périmètres publics irrigués constitue un autre obstacle à la prolifération de l'irrigation. Par exemple, la Banque mondiale (2008) a calculé que le coût de l'approvisionnement en eau par le biais de programmes publics d'irrigation de surface au Niger, en utilisant l'eau du fleuve Niger, s'élevait à au moins 20 000 dollars par hectare. Pour compliquer les choses, de nombreux agriculteurs qui utilisent l'eau des systèmes publics ne sont pas propriétaires des terres qu'ils irriguent. Par conséquent, ils n'ont pas la motivation nécessaire pour «investir» dans ces terres. Par exemple, lorsque j'ai essayé d'introduire le JPA (Jardin Potager Africain) au nord du Ghana, j'ai travaillé avec trois groupes d'agriculteurs. Deux de ces groupes étaient propriétaires terriens et contrôlaient l'eau. Ces groupes ont facilement accepté la nouvelle technologie. Cependant, les agriculteurs du troisième groupe étaient des «vassaux» de l'autorité des eaux du fleuve Volta, une entreprise d'irrigation gouvernementale. L'introduction de la technologie JPA dans ce groupe fut un échec total.

L'échec des systèmes d'irrigation publics a conduit de nombreuses personnes à penser que l'irrigation privée à petite échelle était une solution plus raisonnable pour l'utilisation de l'eau. Pour cette raison, les gouvernements, les banques de développement et les bailleurs de fonds transfèrent maintenant leur soutien des régimes publics vers les irrigants privés. À mon avis, bien que les gouvernements, les banques de développement, la FAO et certains bailleurs de fonds bilatéraux soient de plus en plus conscients de l'importance de l'irrigation, le rythme de sa diffusion est trop lent.

En ce qui concerne la deuxième question (les cultures à faire pousser?), la réponse est simple : concentrez-vous sur les cultures qui rapportent beaucoup par unité d'eau. Plus le coût de l'eau est élevé, plus le rendement de la culture irriguée devrait être élevé. En règle générale, les cultures horticoles offrent le meilleur rendement par rapport à l'eau utilisée. C'est pourquoi la plupart de mes activités de «diversification des cultures» à l'ICRISAT sont axées sur ces cultures.

Beaucoup de gens considèrent comme louable la «Révolution Verte» résultant de la sélection de variétés de céréales de qualité supérieure, associée à une application accrue d'engrais. J'y adhère moi aussi. Mais peu de gens savent qu'en Asie, berceau de cette révolution, le succès est le résultat de *l'irrigation* des variétés «miracles». Aujourd'hui, 40 % des terres cultivées d'Asie sont irriguées et produisent

70 % des cultures de base, la plupart à base de variétés de la révolution verte.

Ma carrière en recherche agricole a commencé juste avant le début de la Révolution verte, lorsque des variétés de blé à haut rendement de CYMMIT (Centre International pour l'Amélioration du Maïs et du Blé) ont été introduites en Israël. À cette époque, l'irrigation des variétés de blé traditionnelles entraînait en réalité une baisse des rendements. Les anciennes variétés de blé plaçaient les produits supplémentaires de la photosynthèse dans la production de tiges et de feuilles plutôt que dans les épis. Cela a entraîné de graves dégâts dus à la verse des cultures et une réduction proportionnelle du rendement récolté.

Les nouvelles variétés de blé à tige courte n'ont pas connu de problèmes de verse avec l'irrigation et ont pu placer la production supplémentaire provenant de l'irrigation dans les graines. En d'autres termes, les variétés de la Révolution Verte ont transformé le blé issu d'une culture *pluviale* de base en une culture de rente *irriguée. Aujourd'hui, 80 % du blé à haut rendement issu de la Révolution Verte produit dans la zone semi-aride de l'Inde est irrigué* (Banque Nationale du Penjab, 2010). Ce que je ne comprends pas, c'est pourquoi les promoteurs de la Nouvelle Révolution verte pour l'Afrique continuent d'insister à produire des cultures pluviales.

Technologies pour l'irrigation à petite échelle

Dans la zone soudano-sahélienne, environ 80 % des jardins sont irrigués à la main à l'aide d'arrosoirs, de calebasses ou de seaux. Le reste est irrigué par inondation.

Entre 1997 et 1998, j'ai visité quatre pays sahéliens dans le but de trouver des moyens d'améliorer leurs performances agricoles.

Je me suis alors rendu compte que les jardins maraîchers irrigués pourraient bénéficier considérablement des technologies d'irrigation améliorées.

Je suis rentré en Israël et, sur une période de trois ans, nous avons mis au point et testé un système d'irrigation goutte-à-goutte basse pression, appelé Jardin Potager Africain (JPA), dans mon institut de Beer-Sheva. Le JPA peut être décrit par analogie à l'ordinateur. Il comprend les « équipements » (puits ou forage, ainsi que les réservoirs et les conduites) et un «logiciel» correspondant au système de gestion de jardin. Le logiciel ou paquet technologique inclut la préparation du sol, l'épandage de fumier et d'engrais, l'irrigation et la fertigation, les variétés de légumes et les pépinières. Comme dans le cas de l'ordinateur, les équipements sont totalement inutiles sans le logiciel.

Au moment même où nous développions le JPA, d'autres organisations développaient également des systèmes de goutte-à-goutte à basse pression, mais l'accent était mis sur le matériel « équipements ». Peu d'attention était accordée à la gestion du logiciel. Cela a entraîné de nombreux échecs (Belder et al, 2007). De même, les tentatives pour produire un système de goutte-à-goutte «abordable» (Polak et al, 1997) ont également échoué, car elles ne tenaient pas compte du *faible coût*, souvent synonyme de *faible qualité*, entraînant de mauvaises performances hydrauliques associées à des exigences d'entretien intense. Gardez à l'esprit que la maintenance est un problème grave dans les endroits où les pièces de rechange ne sont pas facilement disponibles et où une tradition de maintenance fait défaut.

Les producteurs pauvres n'ont tout simplement pas les moyens d'acheter ce type de système «abordable» à faible coût.

Il nous a fallu dix ans de tâtonnements dans six pays sahéliens pour arriver à la configuration optimale du JPA (Woltering et al, 2011a, 2011b). Nous avons développé quatre modèles à adapter à différentes situations :

Le 'Modèle Économique' est basé sur un réservoir fabriqué à partir de fûts d'huile usagés de 200 litres, surélevés à un mètre du sol. Le système peut irriguer une superficie de 80 m^2 si les fûts sont remplis d'eau deux fois par jour. Malheureusement, nous avons constaté que les efforts de remplissage des fûts sont supérieurs aux efforts investis dans l'irrigation des parcelles avec arrosoirs. Ce modèle a donc été abandonné dans la plupart des endroits, sauf dans des situations où la terre et l'eau sont très limitées, comme au Cap-Vert où une ONG appelée Caritas fait la promotion du modèle économique dans le pays, qui compte actuellement plus de 1000 unités en exploitation, ce qui est particulièrement intéressant pour les groupes de femmes qui jardinent pendant la saison sèche et froide dans des champs dédiés uniquement à la culture hors saison.

Le 'Système commercial' est un petit champ de 500 à 2000 m^2 qui reçoit l'eau d'un réservoir en béton surélevé. Le volume de ce réservoir est basé sur la quantité d'eau fournie quotidiennement au champ. Au Niger, avec son taux très élevé d'évapotranspiration (en raison du climat chaud et sec), les besoins quotidiens en eau pendant la saison chaude et sèche atteignent 8 mm, et le volume d'un réservoir en béton fournissant de l'eau à 500 m^2 est donc de 4 m^3. Lorsque le réservoir est plein, le producteur ouvre le robinet et laisse le réservoir se vider, ce qui correspond à la quantité d'eau journalière requise pour la parcelle. Ce modèle est particulièrement adapté aux petits producteurs expérimentés.

Le 'Modèle en série' est un modèle où de nombreuses parcelles de 500 à 1000 m2 sont délimitées dans un champ plus grand. Bien que l'eau soit fournie par une source unique à toutes les unités, chaque producteur exploite sa parcelle individuellement.

Le 'Système Communautaire' est le modèle le plus enthousiasmant que nous ayons créé. Dans ce système, le champ ressemble à un champ irrigué par le système goutte-à-goutte sous pression. Il est divisé en parcelles attribuées à des producteurs individuels, dont la taille varie de 100 à 1000 m2, en fonction des demandes formulées par la communauté ou le donateur. Chaque producteur/productrice prépare

Modèle Commerciale : un réservoir en béton de quatre mètres cube permet d'irriguer un jardin de 1000 à 2000 m2

Modèle en série : C'est une multiplication de plusieurs modèles commerciaux

sa parcelle et fournit les doses recommandées de fumier et d'engrais complet. L'irrigation et la fertigation (pratique consistant à mélanger une dose d'engrais soluble dans l'eau à chaque irrigation) sont effectuées par la communauté. Il incombe également à la communauté de traiter les cultures contre les insectes et les maladies, d'acheter les intrants agricoles et de garantir la commercialisation. Ce système est idéal pour les femmes, car une femme qui a un enfant malade ou qui vient d'accoucher n'a pas besoin de s'occuper de son champ quotidiennement, car sa parcelle sera irriguée par la communauté.

Modèle JPA Communal : chaque femme dispose de 120 m2 de superficie

La taille globale d'un champ pour les modèles communautaires et en série varie de 0,5 à 5 hectares, répartis en parcelles en fonction du nombre de membres. En raison des « économies d'échelle », l'investissement par m2 n'est que de 1,50 USD dans ces deux systèmes et, en raison de l'efficacité des deux systèmes, la période de recouvrement n'est que de six mois.

Le JPA est un système d'irrigation simple et facile à utiliser. Néanmoins, pour être durables, des équipements de bonne qualité doivent être installés, les producteurs doivent être bien organisés, les pièces de rechange doivent être facilement disponibles et les producteurs doivent maîtriser la gestion du système.

Nous avons constaté qu'un suivi intensif d'au moins trois ans était essentiel pour permettre aux producteurs de « bien digérer » le système.

Pompage et approvisionnement en eau

L'irrigation privée signifie que le producteur doit rechercher et satisfaire ses propres besoins en eau pour l'irrigation. Il doit creuser le puits ou réaliser le forage, il a besoin d'extraire l'eau et de l'amener aux champs. L'approvisionnement en eau est la partie la plus délicate d'un système d'irrigation privé et pose de nombreux problèmes. Il peut être très coûteux en termes de main-d'œuvre si cette main-d'œuvre est utilisée pour puiser l'eau manuellement pour la distribuer ensuite. Si de petites motopompes sont utilisées, la profondeur de pompage est limitée à moins de dix mètres et le coût du carburant est très élevé. En plus, les motopompes tombent souvent en panne et nécessitent beaucoup d'entretien. Si des pompes à pédale sont utilisées, la profondeur de pompage est limitée, le coût de la main-d'œuvre est élevé et ces pompes aussi sont souvent sujettes à des pannes.

L'irrigation du JPA nécessite une très basse pression pour fonctionner, ce qui signifie qu'elle peut utiliser des sources d'eau à faible énergie. Voici quelques exemples :

L'énergie solaire

En théorie, les pompes à énergie solaire constituent la meilleure solution technique pour le pompage et la distribution d'eau pour les petits producteurs pauvres dans les endroits où pour la plupart il n'y a pas de connexion au réseau électrique. Une fois installée, l'énergie est «gratuite» et tout aussi importante, la maintenance est quasi inexistante. Les pompes solaires ont une période d'amortissement de dix ans avec très peu de pannes et les fabricants de panneaux solaires fournissent une garantie de 25 ans. Le principal problème de cette technologie est le coût initial élevé des investissements. La bonne nouvelle est que les prix des panneaux solaires sont en baisse. En effet, les prix ont diminué de moitié entre 2009 et 2011. Les pompes solaires fonctionnent mieux si le pompage est effectué à partir de forages peu profonds, jusqu'à 20 mètres, et lorsqu'une faible pression est requise pour l'irrigation, comme dans l'irrigation de surface et le JPA.

Les panneaux solaires génèrent de l'électricité sous forme de courant continu (CC). Certaines entreprises ont mis au point des «pompes solaires» fonctionnant en courant continu sur une large plage de tension, permettant ainsi à la puissance des panneaux solaires de varier constamment en raison de la nébulosité et de l'heure du jour. Ces pompes sont chères et produisent relativement peu de pression d'eau.

Le système californien : les tubes PVC sont enfouis dans le sol à intervalle de 20 mètres. Un élévateur de distribution d'eau émerge tous les 20 mètres, fournissant de l'eau à une superficie de 400 m2. Importantes économies de carburant et de main-d'œuvre, bonne distribution de l'eau et rendement supérieur : fortement recommandé.

Lorsque l'irrigation goutte-à-goutte est utilisée, il est donc nécessaire d'élever l'eau pompée vers les réservoirs et d'irriguer les champs à basse pression à partir de ces réservoirs qui fournissent une pression constante, pour un débit régulier de l'eau. Les réservoirs sont chers. Une alternative consiste à stocker l'électricité dans des batteries. Cependant les batteries sont chères. Elles peuvent être volées et ont une durée de vie relativement courte.

Ran Zechori est un ami, propriétaire de la société African Irrigation Projects (AIP). Il a suivi de près l'évolution du JPA et des pompes à énergie solaire. Il a mis au point un onduleur à faible coût, passant du courant continu au courant alternatif (CA), qui fournit de l'électricité à tension continue aux pompes électriques classiques, et qui ne coûte pas cher. Nous pouvons maintenant utiliser des pompes à courant alternatif «normales» pour pomper de l'eau à différentes profondeurs pour irriguer au goutte-à-goutte des champs à des pressions élevées.

En plus, nous avons surmonté le besoin en réservoirs coûteux en utilisant une technologie d'irrigation automatisée.

L'énergie solaire est maintenant prête à révolutionner l'irrigation à petite échelle en Afrique.

Gradient hydraulique

En 2006, nous avons introduit le JPA dans le nord du Ghana. Des jardins ont été aménagés en aval de deux barrages, le

Barrage de Golinga, près de Tamale, et le Barrage de Bauku, près de la frontière du Burkina Faso. Aux deux endroits, l'eau du barrage était relativement propre, ce qui lui permettait d'être utilisée dans les systèmes d'irrigation goutte-à-goutte à basse pression sans obstruer les émetteurs de goutte à goutte. La différence de hauteur de 3 à 5 mètres entre les barrages et les champs situés en dessous fournissait suffisamment de pression pour faire fonctionner le JPA. Il existe des barrages capables de fournir de l'eau propre sous basse pression afin de faire fonctionner des milliers d'unités JPA dans de nombreux pays soudano-sahéliens. Cette source d'énergie «gratuite» ne doit pas être négligée.

Nappe artésienne

Un jour de 2007, j'ai été invité par la JICA (Agence Japonaise de Coopération Internationale) au Niger, pour à mener une enquête sur le potentiel des forages artésiens en tant que source d'eau pour les jardins maraîchers. Auparavant, je ne savais pas qu'il existait au Niger un vaste aquifère confiné (une masse d'eau souterraine fermée au sommet par des couches imperméables), qui s'étend jusqu'au Mali et au Nigéria. Ce type d'aquifère, appelé aquifère artésien, est naturellement sous pression et une fois qu'une foreuse pénètre dans la couche imperméable et l'atteint, l'eau monte à la surface par sa propre énergie. *En d'autres termes, il est superflu de pomper*. Une enquête plus approfondie a révélé qu'au Niger, environ 200 forages ont déjà été réalisés dans l'aquifère artésien, et la plupart sont sous-utilisés. Actuellement, l'eau monte librement à la surface 24 heures sur 24, créant ainsi un petit lac à proximité d'un forage.

Le premier site de démonstration pour l'utilisation de l'eau artésienne pour un JPA au Niger se trouvait dans un village du sud appelé Yelou. Ce projet bénéficiait du soutien de l'USADF (Fondation des États-Unis pour le Développement en Afrique) et concernait un champ JPA de 5 hectares, irrigué avec de l'eau artésienne. À l'heure actuelle, 100 petits producteurs, principalement des femmes, tirent chacun des revenus importants d'une parcelle de 500 m2. Au moment où j'écris ce livre, l'USADF soutient la création de trois autres sites JPA utilisant de l'eau artésienne. Je pense que le forage de puits artésiens fournira de l'eau gratuitement aux jardins maraîchers dans les zones les plus reculées du Niger.

Utilisation d'infrastructures existantes

Au Sénégal, presque chaque village ou groupement de villages dispose d'un approvisionnement autonome en eau potable. Les donateurs (notamment la JICA) et les gouvernements construisent généralement un château d'eau d'une hauteur de 15 à 20 mètres, relié à une pompe à eau. Dans la plupart des cas, il y a un excédent d'eau dans ces structures, avec une pression d'eau importante qui peut être détournée pour l'irrigation d'un JPA. Les utilisateurs d'eau doivent payer l'eau à la municipalité, mais sont dispensés de l'achat, du fonctionnement et de l'entretien de la pompe. Et, ce qui est non moins important, l'eau dans la plupart des endroits est propre et ne va pas obstruer les goutteurs. Il est maintenant possible d'installer des centaines de JPA attachés aux châteaux d'eau des villages du Sénégal ou d'ailleurs avec ces structures.

Le système californien

Le système californien a été introduit au Niger par Jon Nougle à travers une ONG appelée «Enterprise Works». Il se répand maintenant dans d'autres pays sahéliens. Il s'agit essentiellement d'un système de distribution d'eau utilisé principalement pour l'irrigation par inondation. Il est constitué de tuyaux PVC enfouis dans le sol avec une sortie tous les 20 mètres. Cette méthode peu coûteuse de distribution de l'eau permet d'économiser environ deux tiers de la main-d'œuvre et de la consommation de carburant par rapport aux systèmes d'irrigation par inondation traditionnels. Il permet également d'économiser de l'eau et d'accroître les rendements grâce à une distribution plus ciblée de l'eau. Les petits producteurs qui irriguent de petites parcelles de terre (0,5 à 5,0 ha) font l'éloge du système californien et sont prêts à investir dedans.

Le système Gaya

Gaya est une région du sud du Niger avec une pluviométrie annuelle moyenne de 800 mm. Sur une période de 20 ans, une coopérative d'agriculteurs locale a mis au point un système de production intégré, ingénieux et indigène d'arbres fruitiers, de riz et d'oignons.

Un jour, en compagnie de Saidou, mon assistant, je me suis rendu dans la région de Gaya à la recherche de semences de *Citrus volcameriana*. Il s'agit d'une espèce d'agrumes sauvages résistante à certaines maladies du sol ; elle est donc utilisée dans de nombreuses pépinières comme « porte-greffe » (la partie de la plante sur laquelle une variété souhaitée est greffée) pour les agrumes cultivés. Lors de la recherche des semences de volcameriana, nous avons trouvé un panneau indiquant que nous nous trouvons sur le site du « Système intégré riz-fruitier- légumes ». Saidou éclata de rire. « Il est impossible de cultiver des arbres fruitiers et du riz dans le même champ ! », a-t-il déclaré. Nous sommes sortis de notre véhicule et, à notre grand étonnement, nous avons vu un magnifique verger d'agrumes pousser dans un champ de riz. Ce fut le début de notre longue histoire d'amour avec la coopérative des producteurs de Gaya.

Comment ce projet a-t-il démarré ?

Dans les années 1980, la coopération française décida d'introduire des arbres fruitiers dans la région de Gaya. Une coopérative de producteurs a été organisée, avec une grande pompe diesel installée sur le fleuve et une gamme d'arbres fruitiers plantée (principalement des agrumes), dans un sol sableux. Cependant, les arbres fruitiers ne

Gaya en saison sèche – légumes ainsi que des arbres fruitiers

poussaient pas bien dans le sol sableux, les agriculteurs ont donc commencé à les planter dans le sol plus lourd, utilisé traditionnellement pour la production de riz.

Après un certain temps, l'énorme pompe est tombée en panne et a été remplacée par de petites pompes à moteur appartenant à des producteurs individuels, pompant l'eau des puits peu profonds, ce qui était moins cher et plus facile à réaliser que le pompage central de l'eau de la rivière. Comme ces producteurs étaient à l'origine des producteurs de riz, ils ont naturellement planté du riz entre les jeunes arbres fruitiers pendant la saison des pluies. L'idée fut

Gaya en saison des pluies – riz plus arbres fruitiers

alors de planter des oignons et d'autres légumes en saison sèche après la récolte du riz. C'est ainsi qu'est né le système Gaya. La disponibilité de bonnes terres étant limitée, la coopérative a décidé d'attribuer une parcelle de 0,25 hectare à chacun de ses membres.

Le système Gaya est synergique. Le riz détruit les mauvaises herbes nuisibles et les maladies du sol et supprime les nématodes introduits par les légumes. Dans le même temps, le riz bénéficie de la forte fertilité qui subsiste après la production de légumes. Et les arbres fruitiers profitent de l'eau et de la fertilité des légumes et du riz.

Nous avons été en mesure de démontrer que les *bénéfices annuels* générés par une parcelle de 0,25 ha à Gaya s'élèvent à 1000 dollars, ce qui est suffisant pour assurer un revenu décent à la famille d'un producteur. Dans la zone soudano-sahélienne, le système de Gaya et ses variations pourraient s'appliquer aux milliers d'hectares cultivés actuellement en riz irrigué seulement. L'infrastructure d'irrigation est déjà en place. Tout ce qui reste à faire est de trouver quelqu'un qui se chargera de lancer le processus de diversification.

Lorsque nous avons commencé à tester le Jardin Potager Africain, nous avons développé deux modèles. Le modèle économe reposait sur un réservoir en tonneau de 200 litres irriguant une parcelle de 80 m2 et le modèle «Commercial» reposait sur un réservoir en béton irriguant une superficie de 500 à 2000 m2. L'étude économique et socio-économique a montré que, puisque le fût dans le système économe devait être rempli à la main (ou à l'aide d'une pompe à pédale), il n'y avait aucun gain d'économie sur la main-d'œuvre, comme dans les grands jardins irrigués au goutte à goutte. À la suite de cette étude, nous avons cessé de promouvoir le système économe.

Chaque fois que j'ai demandé à un bailleur de fonds bilatéral d'allouer de l'argent à la recherche pour financer un programme particulier, sa réponse a toujours été : «Notre pays verse déjà de l'argent au GCRAI et au système national de recherche et, par conséquent, nous ne pensons pas qu'il devrait octroyer des fonds de recherche à ces organisations pour un projet spécifique» ou «ce n'est ni l'objectif ni le devoir de mon projet de soutenir ou de mener des recherches». Encore une fois, à mon avis, ces réponses sont révélatrices du manque de diversification.

Cultures irriguées

1. Les légumes

J'ai mené des recherches sur les cultures irriguées uniquement avec des légumes et des arbres fruitiers, car, comme je l'ai mentionné précédemment, les cultures horticoles génèrent les revenus les plus élevés par unité d'eau utilisée et par unité de surface de production. Cependant, je suis conscient du fait qu'il existe de nombreuses recherches à conduire sur le coton, le maïs, le blé, le manioc, le soja, les cultures fourragères, le sésame, la banane et d'autres cultures, ce qui permettra de créer une base plus large pour l'agriculture irriguée à grande échelle dans les zones soudano-sahéliennes. *À ma connaissance, dans cette partie de l'Afrique, il n'y a pas encore d'organisation de recherche qui étudie l'irrigation des cultures ci-dessus.*

En 2002, lorsque j'ai commencé à travailler sur la production de légumes pour le Sahel, j'ai tout de suite compris que quelque chose n'allait pas. À cette époque, il n'y avait pas de sélection génétique de légumes spécifiques à la région, et les producteurs achetaient les semences des variétés vendues par les commerçants locaux, qui les avaient importées d'Europe. Les négociants en semences étaient, et sont toujours, considérés comme les «experts» des variétés de légumes, vendant aux producteurs tout ce qu'ils importent ou ce qu'il leur reste de la saison précédente. Souvent, les semences sont vieilles et leur taux de germination est très faible.

Avant de commencer la recherche sur les légumes, l'Institut national de recherche agronomique du Sénégal (ISRA) était le seul organisme de recherche à tenter de mettre au point de nouvelles variétés de légumes spécifiques à la région, mais il avait cessé en raison de contraintes budgétaires.

La plupart des variétés cultivées par les petits producteurs du Sahel sont à pollinisation ouverte, parce que les producteurs refusent de payer pour les hybrides plus coûteux. (Un «hybride» par opposition à «à pollinisation ouverte» est le résultat d'un croisement entre deux plantes mères spécifiques. Les sociétés semencières gardent «l'identité» des plantes mères secrète afin qu'elles seules puissent produire l'hybride spécifique.)

Nous sommes redevables à Itsik Nir, fondateur et président d'une entreprise de semences biologiques en Israël : Genesis. Itsik a pu collecter un nombre impressionnant de variétés de légumes à pollinisation ouverte avant leur disparition totale, grâce aux stratégies des sociétés semencières produisant maintenant principalement des hybrides. Il a volontairement fait don des semences de plusieurs de nos variétés actuellement recommandées, telles que les melons Ein Dor et le maïs doux True Gold.

La sélection étant un long processus, nécessitant de nombreuses ressources et beaucoup de temps, j'ai décidé d'adopter la méthode de sélection et de purification des variétés à pollinisation ouverte existantes pour me permettre d'obtenir une gamme de variétés de légumes adaptées aux conditions locales dans **un laps de temps**.

Je me suis concentré **uniquement** sur les variétés à pollinisation ouverte afin de permettre aux producteurs de semences et aux producteurs locaux de produire eux-mêmes les semences des variétés sélectionnées.

Dans la section suivante, je décrirai les raisons, les moyens de sélection et de purification de certaines de ces variétés de légumes. L'histoire est fascinante, mais plus important encore, il convient de tirer des enseignements utiles des approches originales adoptées pour la sélection et la multiplication de ces variétés.

Oignons Violet de Galmi améliorés

Pour commencer la sélection de variétés adaptées, j'ai d'abord identifié les espèces et variétés de légumes les plus importantes de la région. J'ai découvert que les oignons en font partie. Les africains les utilisent dans des sauces de quasiment chaque repas. La variété Violet de Galmi a été créée dans les années 1960 par un organisme de recherche français appelé CIRAD (Centre de Coopération Internationale en Recherche Agronomique pour le Développement). C'est une variété savoureuse, insensible à la longueur du jour, avec une durée de conservation raisonnable et de bons rendements. Violet de Galmi est de loin l'oignon le plus populaire en Afrique de l'Ouest. J'ai essayé d'introduire de nouvelles variétés venues de l'étranger, y compris des hybrides, mais je les ai trouvées inférieures à Violet de Galmi.

A la fin de la sélection, la variété Violet de Galmi n'avait pas été conservée maintenue de manière à garder la pureté variétale de la semence. Des centaines de petits producteurs locaux avaient commencé à produire des semences sans aucune formation classique formelle dans le domaine. Le résultat fut des centaines de lignées, chacune avec ses propres caractéristiques, dont beaucoup étaient négatives.

En 2004, j'ai comparé les performances de 45 lignées de Violet de Galmi que j'avais recueillies auprès des meilleurs producteurs de semences du Niger et déterminé les deux meilleures lignées : l'une d'elles donnait des rendements très élevés, mais avait une durée de conservation courte, l'autre (Lignée 28) avait un rendement inférieur (mais toujours raisonnable), mais une très longue durée de conservation. Les semences de la lignée 28 sont maintenant produites par la société de semences Aïnoma au Niger.

Icrixina, une solution pour les tomates de saison des pluies

Les tomates ne poussent pas et ne se reproduisent pas durant la saison chaude d'avril à juin, lorsque la température de l'air dépasse les 40 °C. Pendant la saison des pluies, de juin à octobre, les conditions tropicales (en particulier les nuits chaudes) réduisent considérablement la formation des fruits de tomates. Ce qui a pour conséquence que les prix des tomates dans la zone soudano-sahélienne sont très élevés de mai à novembre.

Avec ces limitations, la chose la plus naturelle à faire était de savoir si, parmi les milliers de variétés de tomates existant dans le monde, nous pourrions identifier une variété qui donne des fruits pendant la saison des pluies. Nous avons testé 25 variétés supposées tolérer la chaleur et avons constaté que la variété appelée Xina offrait le meilleur rendement pendant la saison des pluies. Cette variété avait été créée par des chercheurs de l'ISRA (Institut Sénégalais de Recherches Agronomiques). Cependant (et encore), en raison du manque de maintenance de la semence, la qualité du fruit était très mauvaise.

Après cinq cycles de purification, nous avons obtenu un fruit attrayant, ferme et uniforme : une variété miraculeuse qui non seulement commencera à donner des fruits en août, l'apogée de la saison des pluies, mais continuera à donner pendant sept mois. C'est ce que les producteurs africains apprécient. Nous avons appelé cette tomate Icrixina, combinant les termes ICRISAT et Xina. Aujourd'hui, les tomates ne manquent plus sur les marchés nigériens à partir du mois d'août, même si les prix restent plus élevés qu'en saison sèche et froide.

Toutefois, il reste à résoudre le problème de l'absence de tomates locales pendant la période de juin à août. Nous avons démontré que ce problème pouvait être résolu en cultivant des tomates dans les montagnes relativement fraîches de l'Aïr, à une altitude de 2000 m.

Laitue non montante

Les variétés de laitue européennes commencent à fleurir (monter) dès que la température ambiante dépasse un certain seuil. Dans le Sahel, où la laitue fleurit tout le temps en raison de la chaleur constante, les paysans cueillent les feuilles de laitue à partir de la tige florale. Ces feuilles sont petites, dures et amères. Le regretté Dr Dov Globerson a pu produire des variétés de laitue adaptées à la chaleur de l'été israélien. En 2005, Dr Globerson a commencé à dispenser une formation à l'ICRISAT sur la production de semences pour les producteurs de semences d'Afrique de l'Ouest. Au même moment, j'ai introduit l'une de ses variétés non montante, appelée Noga.

Bien que cette laitue se soit très bien comportée sous la chaleur du Sahel, le marché ne l'a pas aimé, car les gens étaient habitués à une laitue jaunâtre alors que Noga était verte. J'ai consulté Dr Globerson à ce sujet. «Ce n'est pas un problème», répondit-il. «En fait, j'ai produit une laitue jaunâtre pour le marché israélien, mais les Israéliens l'ont rejetée, car ils sont habitués à la laitue verte...» Quand je lui ai demandé quel nom je devais donner à sa variété, il a répondu : «Appelle-la Maya, le nom de ma petite-fille, mais à condition que tu ne la commercialises jamais. Je donne cette variété aux producteurs africains sans aucun droit de propriété.»

«Eh bien, Dov», ai-je répondu, « tu viens juste de m'enlever les mots de la bouche. C'est le genre de stratégie que je préconise. » Maya est maintenant la meilleure qualité de laitue disponible au Sahel, et sa popularité l'aide à se propager rapidement.

Maïs sucré tolérant la chaleur

Dans le Sahel, les mois de juillet et de septembre, juste avant la récolte du mil ou du sorgho, sont appelés «période de soudure». C'est le moment où la plus grande partie des céréales entreposées de la saison précédente sont épuisées, mais les nouvelles cultures ne sont encore récoltées. Ainsi, les populations restent affamées pendant ces mois.

Les producteurs sèment en début juin et récoltent en septembre. Les épis de maïs grillés sont vendus au cœur de la période de soudure. Je me suis dit que le maïs sucré, un aliment inconnu dans la région, pourrait remplacer le maïs-grain comme aliment pendant la période de soudure. Une ancienne variété américaine à pollinisation ouverte appelée True Gold a beaucoup mieux réussi pendant la saison des pluies au Sahel que les variétés hybrides et les autres variétés à pollinisation ouverte que j'ai essayées, car elle tolérait mieux la chaleur.

Le maïs sucré est totalement inconnu dans la plupart de la région soudano-sahélienne et les gens nous ont prévenus qu'il serait difficile de l'introduire. Mais nous n'avons pas eu de problème particulier. Partout où ce maïs sucré a été planté, il a immédiatement été couronné de succès et il se répand désormais au Sahel. Les tiges et les feuilles vertes utilisées comme fourrage de qualité après la récolte des épis verts lui offrent un avantage supplémentaire.

La carotte d'Uberlandia

Les carottes sont très populaires dans la zone soudano-sahélienne. Cependant, la plupart des variétés ont besoin de températures basses (non disponibles dans la région) pour induire la floraison. ECHO (Educational Concerns for Hunger Organization) est une organisation basée en Floride qui fournit des semences de légumes et d'autres

Uberlandia produisant des grains au Sahel : une avancée décisive

cultures aux organisations chrétiennes et aux particuliers opérant dans les pays en développement. C'est dans l'une de leurs brochures que j'ai appris l'existence de la variété de carottes «Uberlandia», qui avait été mise au point dans l'État de Minas Gerais au Brésil. Cette carotte produit des graines sous les climats tropicaux quelques mois après la plantation *sans avoir besoin de fraîcheur.*

Nous avons essayé la variété Uberlandia *et nous avons réussi. Il est maintenant possible de produire des graines de carotte dans la zone soudano-sahélienne*. C'est une avancée remarquable.

Pour induire la floraison, les Brésiliens recommandent de déterrer et de replanter les plants de carottes après quatre mois. Au Sahel, la carotte est semée en novembre et récoltée en mars, lorsque les températures atteignent les 40 degrés. Déterrer les plants de carotte et les replanter à cette période de l'année occasionne beaucoup de dégâts aux plants. Heureusement, nous avons découvert qu'au Sahel, il n'est pas nécessaire de d'appliquer la technique brésilienne pour produire des semences. Il suffit de semer une pépinière de carottes et de planter les jeunes pousses à un espacement de 15 x 20 cm pour induire une floraison de 100 %, ce qui se traduit par un rendement élevé en semences.

Gombo de Konni

Le gombo est l'un des légumes les plus populaires en Afrique. Parmi les raisons de sa popularité, citons le plat

Gombo Konni - maturité précoce production toute l'année, rendement élevé de bonne qualité

principal au Sahel, qui est une bouillie épaisse à base de farine de céréales et de féculents (mil, maïs, sorgho ou manioc). Ces bouillies épaisses ont peu de goût. Le goût est amélioré en utilisant un large éventail de légumes, de poisson, de viande et d'épices. Le gombo est un ingrédient très important de la sauce. Le gombo peut être cultivé dans des conditions pluviales et les femmes en sont généralement les productrices.

Elles coupent le fruit de gombo en petites tranches et les sèchent au soleil. Ce gombo séché peut se conserver durant un an ou plus.

La saison des pluies au Sahel ne dure que 3 à 3 mois et demi. Les variétés à floraison précoce conviennent mieux à la courte saison des pluies que celles à maturation tardive, produisant des rendements nettement supérieurs. Ceci est vrai pour les mils de cycle court, et pour toute autre culture produite pendant la saison des pluies.

Lorsque IPALAC opérait à partir d'Israël, nous organisions chaque année un atelier sur les arbres au profit des zones arides. En 1999, Lowell Fuglie et sa charmante épouse Caroline ont été invités à faire une présentation sur le moringa. À cette occasion, Lowell nous a parlé d'une variété de moringa appelée PKM 1 (Periyakulam 1) développée dans la région du Tamil Nadu en Inde et présentant des rendements très élevés en gousses et un taux de croissance rapide. Sur la base de ces informations, j'ai invité l'un des développeurs de cette variété de « moringa miracle » à en parler à l'atelier IPALAC 2001, en lui demandant d'apporter des graines. Ces graines ont servi de base à la prolifération de PKM 1 au Niger et dans la zone soudano-sahélienne. Nous avons découvert que le PKM 1 produit trois fois plus de biomasse que les variétés « locales », que ses feuilles sont beaucoup plus savoureuses et qu'il faut moins d'une heure de préparation pour se débarrasser des tanins, tandis que les variétés locales doivent être bouillies jusqu'à trois heures : la variété « miracle » d'un arbre « miracle »

Dr Sanjeet Kumar, notre sélectionneur de légumes de l'AVRDC (Centre de Recherche et de Développement sur les Légumes en Asie), a décidé de concentrer ses efforts sur la reproduction du gombo pour la zone soudano-sahélienne. Il a commencé par comparer les performances de 150 accessions (groupes de semences provenant d'un même individu) principalement d'origine africaine, qu'il a introduites.

À ce moment-là, nous avons appris qu'il existait une variété exceptionnelle de gombos que nous «devions essayer» dans les environs de la ville de Birni N'Konni au Niger. Nous en avons acheté des semences locales sur le marché local et avons découvert une variété incroyable, surpassant les 150 accessions introduites par Dr Kumar. *Nous l'avons appelé la Variété Konni.*

Konni est insensible à la longueur du jour, ce qui signifie que contrairement à la plupart des variétés de gombos qui y sont sensibles, il peut fleurir et produire des fruits toute l'année. Le premier fruit est récolté 52 jours après semis. Il s'agit d'une plante naine qui investit de l'énergie dans les organes de reproduction plutôt que dans la biomasse, permettant d'obtenir des rendements élevés. Merci Birni N'Konni pour cette variété exceptionnelle.

Moringa

Le *Moringa oleifera* est la dernière, mais non la moindre des espèces végétales que je vais décrire. Le Moringa est originaire d'Inde tropicale (où on mange les gousses vertes) et s'est répandu dans tout le monde tropical. Au nord du Nigéria, au Niger et aux Philippines, les populations consomment les feuilles et non les gousses.

Le marché du moringa à Niamey, le légume le plus populaire au Niger

Les feuilles de Moringa sont probablement le légume le plus nutritif sur terre. Selon Mark Dafforn, mon ami de l'American Academy of Science, les feuilles de moringa contiennent quatre fois plus de vitamine A que les carottes, trois fois plus de fer que les épinards, quatre fois plus de calcium que le lait, sept fois plus de vitamine C que les oranges et autant de protéines que le lait. De plus, les feuilles sont très savoureuses si l'on sait bien les préparer.

Au Niger, le moringa est le légume le plus populaire. Sa vente dépasse celle des oignons et des tomates. Les Nigérians sont pratiquement «accrocs» à cet aliment. En Gambie et au Sénégal, le moringa s'appelle *nebeday* (ne

Moringa PKM âgé d'un an, prêt à être récolté

meurt jamais); une déformation du mots anglais «never die». Il est en effet difficile de tuer un moringa. Un arbre peut souffrir de longues périodes de stress, perdre toutes ses feuilles et donner l'impression d'une plante morte. Cependant, lorsque les conditions de stress sont atténuées, les arbres de moringa commencent à germer et à croître. Il s'agit d'un élément très important pour une plante vivace qui est généralement produite dans des conditions non optimales.

La première fois que j'ai entendu parler du moringa, c'était par le regretté Lowell Fuglie, «l'apôtre» du moringa. Lowell a écrit un livre intitulé «Moringa l'arbre miracle» (Fuglie, 1999), une lecture obligatoire pour tous ceux qui s'intéressent à cette espèce. (J'ajouterais à cela un livre intitulé «Moringa» écrit par Luis R. et Lalaine Villafuerte.)

À mon avis, le moringa doit faire l'objet d'une promotion agressive dans toute l'Afrique subsaharienne, car il constitue la meilleure solution à la malnutrition – surnommée par beaucoup «la famine cachée». C'est aussi une bonne culture génératrice de revenus.

Le Moringa peut être produit sans irrigation ou avec irrigation. S'il n'est pas irrigué, il se mettra en repos pendant la saison sèche et produira pendant la saison des pluies. Mais s'il est bien irrigué, on peut en tirer environ six à sept récoltes par an.

Outre le moringa, les légumes feuilles sont très populaires en Afrique. Beaucoup sont encore récoltés à l'état sauvage, mais en très grande quantité. Des exemples sont les feuilles de baobab, diverses espèces de *Corchorus* et, au Niger et au Soudan, les feuilles de légumineuses sauvages appelées *Senna obtusifolia*. Au Niger, on ne rencontre pas de déficit nutritionnel chez les enfants par rapport aux pays voisins. Je soupçonne que la raison en est la consommation énorme de légumes feuilles (cultivés et sauvages) par la population. Récemment, de nombreux bailleurs de fonds ont commencé à promouvoir des «projets de nutrition». Ils sensibilisent les femmes à l'importance d'un régime équilibré, ce qui est bien. Mais parallèlement, ces projets devraient promouvoir une production massive de moringa et d'autres légumes, ainsi que de légumineuses. S'ils ne parviennent pas à offrir des aliments très nutritifs en même temps qu'ils prêchent la nutrition, leur message sera vain.

Pour compléter ce chapitre sur les variétés de légumes, j'ai fourni en Annexe 1 un tableau avec les noms et les caractéristiques principales des variétés que nous avons sélectionnées. Les semences de base de ces variétés peuvent être achetées auprès de la société de semences Aïnoma au Niger (masalifou@yahoo.com).

Pour garantir la disponibilité des variétés sélectionnées dans tous les coins de la zone soudano-sahélienne, nous avons formé des centaines de producteurs à l'art de la production de semences de légumes. Ces petits producteurs de semences propagent actuellement nos variétés sélectionnées et d'autres variétés au Niger, au Mali, au Burkina Faso et très bientôt au Sénégal.

Traitement post-récolte des produits horticoles

Le terme «post-récolte» englobe tous les traitements appliqués aux produits agricoles après leur récolte; il inclut le stockage, la conservation (séchage, mise en conserve), l'emballage, le refroidissement, le traitement thermique, la stérilisation, l'atmosphère contrôlée, le lavage et la maturation artificielle. À l'exception du processus de séchage de produits comme le gombo, le chou, les tomates, les oignons et les feuilles de moringa, le traitement post récolte des produits dans la région soudano-sahélienne est un domaine négligé.

Les oignons et les pommes de terre sont deux produits très importants vendus dans le pays et exportés dans la région. Ces deux produits sont généralement récoltés de février à avril et, faute d'installations de stockage appropriées, ces légumes sont vendus immédiatement après la récolte. Cela entraîne des variations de prix substantielles au cours de l'année civile. Par exemple, au Niger, le prix de l'oignon immédiatement après la récolte en mars est de 0,08 USD par kg. Le prix grimpe à 0,82 USD le kilo au mois d'octobre.

Les oignons et les pommes de terre peuvent être conservés jusqu'à huit mois après la récolte. Dans les pays développés, des technologies existent pour leur stockage efficace. Celles-ci coûtent toutefois très chères et consomment beaucoup d'énergie. Pour ces raisons, elles n'ont pas été introduites dans les communautés agricoles pauvres à ressources de la région soudano-sahélienne.

Ainsi, nous avons mené des recherches sur la conservation des oignons. Lorsque les producteurs utilisent des installations de stockage inefficaces traditionnelles pour les bulbes d'oignons, la détérioration après cinq mois peut atteindre 70 %. Nous avons introduit une technique «traditionnelle» consistant à stocker les bulbes entre des couches de paille, combinée à une préparation appropriée des oignons pour la conservation et obtenu une réduction de la détérioration des bulbes à environ 10 %. Récemment, nous avons introduit une nouvelle technique de conservation des oignons peu coûteuse, qui utilise des matériaux locaux, de la paille et une ventilation solaire passive (Pasternak et al, 2013).

Il existe actuellement un besoin urgent de développer un stockage rentable pour les pommes de terre et d'introduire une série de traitements post-récolte qui ajouteront de la valeur aux produits horticoles.

2. Arbres fruitiers pour la région soudano-sahélienne

Le processus d'introduction d'arbres fruitiers dans une région donnée est fastidieux et nécessite une longue période. Au cours des 40 dernières années, plusieurs organisations ont essayé d'introduire une gamme de variétés d'arbres fruitiers dans la région soudano-sahélienne, principalement par l'intermédiaire des SNRA (Services Nationaux de Recherche Agronomique) locaux. Des variétés d'arbres fruitiers ont été introduites à ISRA-Sénégal, IER-Mali, INERA-Burkina Faso, INRAN-Niger et IRAD au Cameroun. Cependant, le nombre d'espèces est très limité : principalement les mangues et certains agrumes. Les arbres fruitiers étant assez rares dans la région soudano-sahélienne, en particulier au Niger où j'ai travaillé, nous avons décidé d'introduire et de tester une gamme plus vaste de variétés d'arbres fruitiers pour la région sahélienne.

En 2003, nous avons créé une plantation mère de deux hectares, irriguée au goutte-à-goutte. Ensuite, j'ai commencé à voyager à travers le monde (Australie, Inde, Israël et en

Afrique occidentale) pour collecter et ramener les meilleures variétés commerciales susceptibles de survivre au Sahel. Nous avons également noué de bonnes relations avec le Département Américain de l'Agriculture et nous avons reçu des greffons de tamarinier doux (USDA-Floride) et des boutures de figuier (USDA-Californie). En outre, nous avons introduit de nombreuses variétés de manguiers et d'agrumes provenant d'autres collections de la région soudano-sahélienne. Nous avons construit une vaste pépinière régionale de 2000 m2 ainsi qu'une pépinière de 1000 m2 spécifique à la Pomme du Sahel et avons commencé à multiplier les meilleures variétés sélectionnées. Au total, la pépinière de Sadoré a produit environ 100 000 arbres fruitiers greffés chaque année, et leur vente n'a posé aucun problème.

Les espèces d'arbres introduites n'ont pas toutes survécu, en partie à cause du faible pH et de la teneur élevée en aluminium du sol de la station et en partie à cause des températures très élevées au Sahel. Les noms des espèces et des variétés figurant dans l'inventaire des arbres fruitiers de l'ICRISAT-Niger sont énumérés en Annexe 2. Les plants de cette collection peuvent être commandées auprès de la pépinière régionale des arbres fruitiers de l'ICRISAT (m.amadou@icrisatne.ne) ou de Aïnoma (masalifou @yahoo.fr).

La production et la vente de plants d'arbres fruitiers constituent l'un des moyens les plus efficaces de générer des revenus à l'échelle nationale. Six ans après la plantation, un arbre fruitier procure un revenu annuel compris entre 20 et 40 dollars. Les 100 000 premiers arbres plantés dans la pépinière Sadoré ont généré, à compter de la sixième année, un revenu annuel minimal de 3 millions de dollars. Et 100 000 arbres ont été ajoutés chaque année juste à la pépinière de l'ICRISAT, ce qui augmente encore ce chiffre.

Sur une période de dix ans, nous avons formé des centaines de pépiniéristes à l'art de produire et de greffer diverses variétés d'arbres fruitiers. Dans de nombreux cas, les pépinières construites ou modernisées après cette formation sont devenues des entreprises très rentables, car la demande en arbres fruitiers greffés de qualité dépasse de loin l'offre.

Arboriculture nécessitant une irrigation dans la région soudano-sahélienne

Les variétés d'arbres fruitiers les plus réussies que nous avons introduites sont décrites au chapitre 4 sous le sous-titre «Cultures arboricoles pluviales». Tous les arbres fruitiers énumérés dans ce chapitre peuvent pousser dans le Sahel avec ou sans irrigation. Cependant, l'irrigation devrait considérablement augmenter le rendement en fruits et, dans la plupart des cas, la rentabilité de la culture. En fait, de nombreux arbres fruitiers adaptés au climat et aux sols sahéliens (tels que diverses espèces d'agrumes, bananiers et papayers) devront être irrigués pour obtenir un rendement raisonnable.

Dans cette section, je présente le cas de la variété de papaye rouge du Bangladesh en raison de son rôle dans la génération de revenus et la nutrition, et je donne une brève description du manioc et des bananes en raison de leur importance en matière de sécurité alimentaire et de génération de revenus.

Red Bangladesh : une papaye pour le Sahel

Les premières enquêtes ont révélé que la papaye ne se comporte pas très bien dans la région chaude du Sahel, alors même qu'elle tolère la chaleur et le sel. Il semble que la combinaison de températures élevées, de radiations

Red Bangladesh : une papaye pour le Sahel

élevées et d'une très faible humidité de l'air pendant la saison sèche et chaude nuit à cette espèce. En 2007, nous avons importé des semences de six variétés du type «solo», la variété commerciale la plus populaire en Afrique de l'Ouest aride, pour tenter de résoudre ce problème. En outre, nous avons introduit deux variétés du Brésil, une de Taiwan appelée «Red Lady» et une du Bangladesh tropical. Toutes les variétés, à l'exception de celle introduite du Bangladesh, ont disparu après un an. Elles ne pouvaient tout simplement pas tolérer les conditions difficiles du Sahel.

Nous avons multiplié les graines de la variété Bangladesh et avons découvert que le fruit de certains «descendants» avait une couleur rouge.

Nous avons supposé que ces plants aux fruits rouges provenaient d'un croisement accidentel entre les variétés Red Lady de Taiwan et Bangladesh et les avons appelés «Red Bangladesh». Cette variété offre un excellent rendement et le fruit qui est très savoureux à une durée de vie relativement longue. Après quatre générations supplémentaires de purification, nous avons obtenu des arbres semi-nains assez uniformes, produisant plus de 50 kg de fruits par an.

Bananiers (*Musa acuminata et Musa balbisiana*) Les bananiers sont des arbres à haut rendement. Le rendement d'un hectare irrigué est normalement d'environ 20 tonnes ou plus. Ce fruit est très populaire en Ouganda, où il fournit 70 % des calories consommées par la population rurale. Au Mali, on plante actuellement de vastes superficies irriguées de bananiers, mais uniquement dans la région soudanienne. La principale raison pour laquelle je ne travaillais pas sur le bananier dans le passé était que j'avais peur que cette culture ne tolère pas la chaleur et la sécheresse du Sahel. Mais on m'a prouvé le contraire. La région de Matam au Sénégal est une région sahélienne typique, où les bananiers irrigués se développent sur une vaste zone utilisant l'eau du fleuve Sénégal pour l'irrigation.

L'introduction et la prolifération de bananeraies irriguées seront favorisées par la plantation de matériel génétique de haute qualité provenant de laboratoires de culture de tissus *(in vitro)* en Afrique de l'Ouest.

Les grands schémas d'irrigation dans la région soudano-sahélienne devraient rechercher des cultures telles que le maïs, le blé, le soja, le coton, le manioc et les bananiers, qui occupent de grandes superficies irriguées. Je dois admettre qu'au cours des dix dernières années, à l'exception du manioc, je ne me suis pas concentré sur l'irrigation des cultures susmentionnées.

Manioc (*Manihot esculenta*) et autres cultures irriguées

Le manioc est l'un des trois plus importants féculents au monde. Dans les régions tropicales, il pousse sans irrigation et produit environ 20 tonnes de tubercules par hectare. Le Nigéria est maintenant le plus gros producteur de manioc au monde. C'est également le siège de l'IITA (Institut International d'Agriculture Tropicale) qui mène un **excellent** travail sur la sélection et la dissémination du manioc.

Le manioc est tolérant aux températures élevées et aux sols pauvres. Pour ces raisons, il peut bien pousser dans la région sahélienne, mais seulement s'il est irrigué. Nous avons comparé les rendements de 27 variétés de manioc IITA en irrigation et avons constaté de très grandes différences de rendement entre les variétés. La meilleure variété «sucrée», c'est-à-dire une variété à cuisiner, donnait un rendement en tubercules de 40 tonnes/ ha. Au Sahel, cela signifie un revenu brut de 17 000 USD par hectare.

Ceci est la sécurité alimentaire associée à la génération de revenus.

Manioc (avant) et bananes sous irrigation dans la région sahélienne du nord du Sénégal

Avec l'expansion de l'irrigation en Afrique semi-aride, le manioc deviendra l'une des cultures irriguées les plus importantes et les plus rentables. En outre, le maïs, le riz, les arachides, le sésame, le soja, la canne à sucre et les légumes destinés à la transformation, tels que le maïs sucré et les haricots verts, ainsi que diverses cultures fourragères seront également produits sous irrigation. Ces cultures, ainsi que les fruits et les légumes, deviendront la base d'une agriculture prospère irriguée dans les régions semi-arides d'Afrique.

Chapitre 6

Se rendre compte du potentiel

Dans les chapitres précédents, un assortiment varié de technologies et de cultures a été décrit, qui pourrait devenir la base de la transformation agricole en Afrique semi-aride. La plupart de ces cultures et technologies proposées sont simples à mettre en œuvre et de faible coût. Il existe toute une série de solutions offertes aux agences qui ne veulent pas investir lourdement dans le développement de l'agriculture, en plus de celles destinées à des activités d'intensification plus coûteuses. Le point commun entre la plupart des cultures et des technologies décrites est que toutes ont été testées avec succès et que leur faisabilité a été prouvée.

La première considération pour un planificateur du développement agricole est de savoir comment garantir *la durabilité*. Tout est construit autour de cette préoccupation. La durabilité dépend de nombreux facteurs, tels que le **gain**

économique de l'activité de développement spécifique qui encouragera les producteurs à investir pour la développer, les compétences nécessaires et l'organisation des producteurs, la disponibilité des intrants, la disponibilité du marché et la connexion aux marchés, la durabilité environnementale, des services de vulgarisation efficaces et des moyens pour la diffusion du savoir-faire.

Aucun projet ne doit être lancé avant une analyse approfondie des différents aspects garantissant la durabilité.

Lors de la planification d'un nouveau programme de développement, la première étape devrait consister à identifier *tous* les facteurs connexes tels que la disponibilité et la qualité des ressources naturelles (eau, sol, climat, etc.), les avantages relatifs, la structure sociale et le niveau d'éducation du monde rural. L'intégration de tous ces facteurs donnera lieu à un plan de développement clair. La deuxième étape devrait consister à concevoir une série d'activités à mener et à, par un processus d'élimination, choisir les meilleures options à poursuivre.

Cependant, de nombreux planificateurs n'adoptent pas cette approche. Le plus souvent, ils identifient les principales cultures et technologies *déjà utilisées dans la région en question et développent un programme visant à capitaliser sur ces cultures et technologies*. Par exemple, les oignons sont un produit d'exportation important au Niger. En 2001, le gouvernement, utilisant les fonds de la Banque mondiale, a lancé un programme de promotion des exportations agricoles du Niger, les oignons étant le principal élément de leur liste. Quelques années plus tard, l'USAID a lancé un programme régional (y compris le Niger) «Chaîne de valeur» pour les oignons et, en 2011, un nouveau projet d'exportation de produits agricoles financé par la Banque mondiale a été lancé, les oignons constituant à nouveau une culture prioritaire. Toute cette promotion des oignons est due au fait de «leur présence sur place» et qu'il est donc «sûr» d'investir dans cette culture. Alors que toute cette attention portée aux oignons est bonne, il existe de nombreuses autres cultures d'exportation telles que les tomates, les piments, les melons et les pastèques, qui ont des débouchés au Nigéria, à quelques kilomètres de la principale zone de production d'oignons.

L'approche conservatrice adoptée par les planificateurs susmentionnés est totalement opposée à celle adoptée par Fundación Chile. Après une analyse complète, telle que nous venons de la décrire, des innovations telles que le saumon et le vin n'existaient pas avant. Elles ont été introduites par Fundación Chile.

Le succès de toute entreprise ou programme de développement dépend de cinq facteurs, par ordre d'importance :

1. **Vision** - l'établissement de buts et objectifs clairs.

2. **Savoir-faire** - connaissance des technologies, renforcement des capacités et extension, mécanismes de commercialisation, etc.

3. **Organisation :** plan de travail mis en œuvre à tous les niveaux : individuel, sous-régional et par le biais de partenariats public-privé.

4. **Compétence humaine** - le personnel devrait être professionnel et dévoué.

5. **Financement** - les ressources financières nécessaires (énumérées en dernier, car, si les quatre premiers éléments manquent, aucune somme d'argent ne saurait être suffisante)

1. Vision

Ma liste commence par une vision, parce que la vision de tout organisme ou programme (y compris celui des groupes gouvernementaux) affecte finalement le résultat. D'après mon expérience, je recommande de définir la vision aussi haut que possible. Par exemple, au lieu de la vision commune de «réduction de la pauvreté», visez plutôt «l'élimination de la pauvreté». Au lieu de «sécurité alimentaire», visez plutôt la «sécurité économique». Un seul programme à court terme pourrait ne pas vous permettre de concrétiser la vision à long terme que vous avez définie, mais il vous rapprochera d'un pas supplémentaire. Ainsi donc, ne perdez jamais de vue votre vision et ne faites jamais de compromis.

2. Savoir-faire

Au cours de la dernière décennie du XXe siècle, le FIDA (Fonds International de Développement Agricole) a financé un projet relativement important de construction de lignes en pierre ou de digues (technologies de récupération de l'eau et de réduction de l'érosion des sols) sur le plateau central du Burkina Faso. Après le démarrage du projet, un chercheur local, avec le soutien de l'Université de Wageningen et du FIDA, a mené une série d'expérimentations qui a notamment permis de déterminer les distances optimales entre les lignes de pierres comme fonction de la pente de la zone, parmi d'autres facteurs. Si cette recherche avait été menée **avant** le début du projet, les résultats auraient été nettement meilleurs que ceux obtenus.

Recherche et développement agricole

Venant du monde de la recherche, il est simplement naturel pour moi de développer ce problème et son importance pour le développement agricole. D'après mon expérience, la recherche devrait toujours précéder et diriger le développement. Toutes les «erreurs» doivent être commises pendant la phase de recherche, et non au cours de l'exécution du projet de développement. L'ONG CLUSA (Ligue des Coopératives des États-Unis), qui a récemment commencé à mettre en œuvre un programme «Sécurité alimentaire» de l'USAID au Niger et au Sénégal, est un exemple positif de *recherche antérieure au développement*.

Ses activités agricoles reposent principalement sur des recherches préalables menées à l'ICRISAT-Niger.

La R&D ne devrait pas seulement précéder le développement mais elle devrait en faire partie *intégrante*. La recherche économique et socio-économique en particulier est extrêmement importante à toutes les étapes. La recherche économique identifie les «faiblesses» de la technologie en cours de développement, qui se traduisent souvent par l'abandon d'une technologie ou par un changement radical de ladite technologie pour s'adapter à la réalité.

La recherche devrait et pourrait être la source d'innovation qui peut changer une situation existante dans de nombreuses situations. Par exemple, les Hauts Plateaux du Néguev Central en Israël n'abritaient aucun village agricole pendant de nombreuses années, en raison du manque d'eau douce. Les recherches entreprises sous ma direction en 1971 ont montré qu'il était possible d'utiliser les eaux très salées destinées à l'irrigation qui abondent dans la région. Sur la base de cette découverte, Israël a investi plusieurs millions de dollars dans le forage de nouveaux puits d'eau salée et dans la construction de nouveaux villages agricoles utilisant de l'eau salée pour l'irrigation.

On peut distinguer recherche fondamentale, appliquée et adaptative :

a. La recherche fondamentale vise à comprendre les questions fondamentales et les phénomènes de la nature et ne débouche pas nécessairement sur une application immédiate des résultats.

b. La recherche appliquée est orientée vers l'optimisation et/ou l'évaluation d'un système de production ou d'un composant de ce système, en utilisant à plusieurs reprises des principes définis par la recherche fondamentale.

   De nombreux chercheurs, en particulier ceux du monde universitaire, méprisent la recherche appliquée. Malheureusement, cette attitude décourage souvent les organisations et les individus à mener de telles recherches. Mais il faut bien comprendre que la recherche agricole est au service d'une industrie et qu'elle est par nature une recherche essentiellement appliquée. La recherche appliquée peut déboucher sur d'excellentes publications scientifiques. Par exemple, nos travaux sur le développement du Jardin Potager Africain ont abouti à trois articles dans des maisons de publications prestigieuses, dont une dans le très réputé Proceedings of the National Academy of Science (Délibérations de l'Académie Nationale des Sciences). (Burney et al 2010, Woltering et al 2011a, Woltering et al 2011b).

c. La recherche sur l'adaptation vise à adapter les technologies existantes à un nouvel environnement et elle est généralement menée par des agents de vulgarisation, en collaboration avec des chercheurs. Le CGIAR, Consultative Group on International Agricultural Research (GCRAI, Groupe Consultatif pour la Recherche Agricole Internationale) encourage ses chercheurs à se concentrer sur la recherche fondamentale ou sur ce qu'ils appellent «la recherche en amont». À mon avis, c'est une mauvaise approche. Le GCRAI a pour but de réduire la faim et la pauvreté dans les pays en développement et il est principalement financé par des agences de développement. Par conséquent, cette organisation de recherche devrait proposer des solutions concrètes et rapides que la recherche fondamentale pure ne pourrait pas fournir, tout au moins à court terme. Un mélange entre recherche fondamentale et appliquée est probablement la meilleure voie à suivre.

Les plus grandes réalisations du système CGIAR sont les variétés supérieures qui ont été sélectionnées par ses différents centres grâce à des *techniques conventionnelles* de sélection végétale. La sélection végétale conventionnelle est un exemple classique de recherche «en aval» (appliquée) et non de recherche «en amont» (de base).

Recherche pour le Développement (R4D) contre recherche et développement (R&D)

Le terme R4D a récemment été introduit dans le jargon national et international de la recherche, remplaçant ainsi la R&D «ancienne formule». Pour moi, une interprétation directe de R4D est la suivante : «nous, les chercheurs, sommes ici pour effectuer la recherche fondamentale (pour le développement), alors que les "autres" devraient prendre nos résultats et mener le développement». Je pense que cette approche, encore une fois, est une grave erreur. Un chercheur en recherche appliquée (et la recherche agricole est une science *appliquée*) doit être profondément impliqué dans les premières étapes de l'application (signifiant développement) de ses résultats de recherche pour les raisons suivantes :

- Le chercheur est plus intéressé que quiconque au succès de la mise en œuvre de ses résultats et, si cela est autorisé, c'est le chercheur qui deviendra la force motrice de la mise à l'échelle de ses conclusions.

- Il maîtrise beaucoup mieux sa technologie que les personnes impliquées dans la mise en œuvre et, par conséquent, il est capable de guider au mieux les autres.

- Plus important encore, toute recherche ayant abouti à la phase de mise en œuvre doit être continuellement affinée et modifiée pour s'adapter aux réalités du domaine. Le chercheur qui a développé la technique en premier doit être présent dès les premières étapes de l'application afin d'identifier les points faibles et de poursuivre les recherches afin de surmonter les obstacles rencontrés au cours du processus de mise en œuvre.

Cette phase de R&D pilote peut prendre plusieurs années. Par exemple, en Israël, de 1998 à 2001, nous avons mis au point une technologie d'irrigation à petite échelle reposant sur l'irrigation goutte-à-goutte à basse pression appelée

Jardin Potager Africain. Il a fallu **dix** années supplémentaires de R&D dans cinq pays sahéliens à une équipe dédiée de chercheurs et de techniciens de l'ICRISAT pour concevoir un système satisfaisant pouvant être maintenu par les organisations de producteurs.

Malheureusement, l'attitude de ceux qui préconisent la R4D correspond souvent à celle des organisations de développement. Beaucoup de personnes dans ces dernières organisations perçoivent les chercheurs comme des locataires dans une tour d'ivoire et préfèrent garder leurs distances, laissant le travail «réel» aux développeurs «expérimentés» et «compétents».

Centres de R&D

Pendant de nombreuses années, la plupart des recherches agricoles en Israël ont été effectuées par des chercheurs du système national de recherche appelé Centre Volcani. Volcani avait des stations de recherche régionales dans tout le pays. Cependant, ces stations ressemblaient à des forteresses qui n'avaient pas grand-chose à voir avec les spécificités de l'agriculture d'une région. Toutes les stations étaient entièrement contrôlées par un site central, non loin de Tel-Aviv. Au milieu des années 1970, en raison de leur mécontentement croissant face aux performances du Centre Volcani, les producteurs israéliens se sont rebellés et ont commencé à créer leurs propres «Centres Régionaux de Recherche et Développement». Ces centres sont entièrement contrôlés par les producteurs et abordent les problèmes spécifiques de chaque région. Outre la recherche appliquée, ils participent à la formation et à la vulgarisation, à la mise en place de projets pilotes et à de nombreuses autres activités régionales bénéficiant directement aux producteurs. Les centres de R&D emploient des chercheurs venant de Volcani et d'autres instituts pour y mener des recherches.

Ces centres régionaux de R&D sont aujourd'hui les moteurs du développement agricole d'Israël.

Ce n'est que maintenant, au moment où j'écris ces lignes, que je me rends compte qu'actuellement j'ai créé un Centre Régional de R&D pour le Sahel à l'ICRISAT-Niger. Ce centre a introduit et créé de nouvelles technologies et cultures, formé des producteurs et des techniciens, fourni du nouveau matériel de multiplication (semences et plantes) et développé des projets pilotes qui testent les nouvelles technologies, variétés et approches. Pour autant que je sache, il n'existe pas de tels centres de R&D ailleurs en Afrique. Je n'ai aucun doute sur le fait que la création de centres de R&D en Afrique pourrait devenir un outil très important d'aide au développement agricole.

Formation agricole

Entre 70 et 80% des habitants de l'Afrique aride vivent de l'agriculture. Il est maintenant communément admis que l'agriculture sera le moteur du développement économique de l'Afrique. Cependant, la transformation de l'agriculture ne peut être réalisée que par une génération d'agriculteurs bien formés et qualifiés dans un large éventail d'activités agricoles. Concrètement, cela signifie un enseignement agricole à la fois aux niveaux primaire et secondaire et qui se poursuit au niveau supérieur – non seulement pour les chercheurs et techniciens urbains, mais également pour les producteurs. Mais la réalité en Afrique est que le nombre d'écoles d'agriculture peut être compté sur le bout des doigts, alors que les écoles pour l'administration des affaires foisonnent.

Jusqu'à présent, la plupart des universités africaines enseignant l'agriculture ont concentré leurs efforts sur les cultures pluviales traditionnelles, la fertilité des sols, l'élevage traditionnel et l'agroforesterie. Ces universités (et les SNRA d'Afrique) devraient introduire des sujets supplémentaires tels que l'irrigation, l'horticulture, l'élevage intensif, l'élevage laitier et l'élevage intensif de volaille.

Au nord-est du Brésil, des chercheurs ont trouvé des solutions pour un développement rentable de leurs régions tropicales semi-arides, similaires à celles de l'Afrique. L'Afrique pourrait en bénéficier en envoyant des étudiants diplômés et des étudiants de troisième cycle à cet endroit.

Renforcement des capacités

En 2003, nous avons lancé le recrutement de deux techniciens en horticulture irriguée dans des journaux du Burkina Faso. Environ 40 techniciens ont postulé, *mais aucun ne possédait les qualifications requises en irrigation et/ou en horticulture*. J'ai répété le même exercice au Sénégal en

2009. De nouveau, nous avons reçu environ 40 candidatures de techniciens qualifiés, dont aucun n'avait une expérience en horticulture irriguée.

Pendant des années, le système d'enseignement supérieur sahélien s'est concentré sur l'enseignement et la formation dans un domaine très étroit des activités agricoles; principalement les cultures pluviales, l'élevage, l'agroforesterie et la pédologie, avec presque aucun accent sur l'irrigation, l'horticulture, les produits laitiers et la production avicole intensive. Le manque de savoir-faire en matière de production agricole intensive s'étend sur toute la «chaîne de commandement», des chercheurs, aux techniciens en passant par les producteurs.

Une fois, j'ai séparé le budget d'un nouveau projet de Jardin Potager Africain que j'ai aidé à structurer en deux composantes : les coûts d'installation et de fonctionnement et le budget de développement des compétences. Pour chaque dollar investi dans l'aménagement et l'exploitation du jardin, nous avons alloué deux dollars au renforcement des capacités des producteurs et au suivi.

Il n'y a pas assez de spécialistes techniques en Afrique, et c'est le talon d'Achille de la plupart des programmes de développement agricole. Bien que les producteurs puissent être raisonnablement formés aux cultures et systèmes conventionnels d'agriculture pluviale, ils en savent très peu sur d'autres secteurs agricoles, en particulier celui de l'agriculture irriguée. Il faut également prendre en compte le fait que la plupart des producteurs n'ont achevé que le cycle des écoles primaires et que beaucoup sont analphabètes. Ces producteurs auront besoin de beaucoup plus de formation pour assimiler une technologie spécifique que les producteurs alphabétisés et expérimentés.

Le renforcement des capacités de la population rurale est la meilleure garantie de durabilité de tout programme de développement agricole.

Voici un exemple d'impact du transfert de connaissances sur le développement : dans l'un de nos programmes de recherche à l'ICRISAT (Woltering et al 2011b), nous avons constaté qu'une bonne gestion du jardin potager **traditionnel** pouvait plus que doubler les rendements. En 2010, le programme Arziki au Niger a formé quelque 340 producteurs à la production améliorée de légumes. (Lorsqu'on leur a demandé s'ils avaient déjà reçu une formation en production maraîchère, leur réponse fut un non catégorique). Ces stagiaires ont ensuite formé à leur tour au total 10 000 producteurs dans leurs villages respectifs. Une analyse d'impact des résultats de la formation a été réalisée en juin 2012, auprès de 60 % environ des producteurs. Environ 70 % des stagiaires (7 000 producteurs) ont par la suite pratiqué la production améliorée de légumes. Les résultats sont résumés dans le tableau ci-dessous :

2010 (référence)			2011		
Superficie (ha)	Production (tonnes)	Rendement (kg/ha)	Superficie (ha)	Production (tonnes)	Rendement (kg/ha)
212	4132	19.511	359	14.850	41.370

Les producteurs formés ont augmenté la superficie consacrée aux légumes de 212 à 359 ha en utilisant des champs qui disposaient déjà des infrastructures pour la production de légumes (clôtures, forage, réservoirs d'eau et pompes), mais qui n'étaient pas utilisés faute de rentabilité.

Ceci est un très bon exemple de comment une simple formation des producteurs à la production de légumes sans aucun investissement supplémentaire par un projet a permis de doubler les rendements en légumes et de tripler la production. En outre, les producteurs ont confirmé que leur consommation familiale de légumes avait fortement augmenté en 2011 par rapport à 2010.

Les Centres de Service

Le «Centre de service» est une nouvelle approche pour soutenir de grands projets de développement agricole. Il est né de la nécessité de rehausser le projet TIPA (Technoagricultural Innovation for Poverty Alleviation - Innovation Techno-agricole pour l'Atténuation de la Pauvreté) initié par l'Ambassade d'Israël au Sénégal.

L'Ambassade d'Israël au Sénégal et un certain nombre d'ONG ont, sur une période de cinq ans, mis en place une dizaine de groupes TIPA au Sénégal. TIPA a récemment pris un nouveau tournant lorsque la Coopération Italienne, l'Agence Israélienne de Coopération pour le Développement (MASHAV) et le Ministère de l'Agriculture du Sénégal ont signé un accord prévoyant l'installation de 400 hectares de TIPA au Sénégal sur environ 80 sites.

Entreprendre cette tache demande des efforts considérables pour renforcer les capacités des techniciens, des animateurs de village et des producteurs en technique d'irrigation goutte-à-goutte et de production de légumes, en approvisionnement en intrants et en marketing des produits maraîchers.

La construction de «Centres de Service TIPA» permet au projet d'avancer. Les Centres de Service effectuent les tâches suivantes :

- Former des techniciens et producteurs sur un large éventail de sujets liés à l'horticulture irriguée au goutte à goutte.

- Entreprendre des activités de suivi et de consultations sur tous les sites ayant reçu la formation initiale pendant une période minimale de trois ans.

- Fournir des intrants pour les activités TIPA.

- Conduire une recherche démonstrative et adaptative sur des sujets liés au projet.

- Mener des recherches appliquée et adaptative pour identifier les meilleures variétés de légumes.

Un Centre de Service est essentiel au succès et à la pérennité des programmes de développement **à grande échelle**, en particulier ceux qui traitent d'innovation pour lesquels le renforcement des capacités et l'organisation sont indispensables.

3. Organisation

L'organisation est un autre élément essentiel du succès d'un programme de développement. On devrait toujours essayer de travailler avec les organisations des producteurs existantes qui, d'une part, participeront à la «transmission du message» aux producteurs et, d'autre part, les organiseront pour mettre en œuvre de la meilleure façon possible les cultures et technologies introduites. Les organisations locales des producteurs traitent également des aspects de la commercialisation et de la tarification des produits. Par exemple, l'association des producteurs d'oignons du Niger fixe le prix minimum des oignons, empêchant ainsi l'exploitation des producteurs par les commerçants.

De nouvelles approches nécessiteront la création de nouvelles organisations. Par exemple, dans le cadre d'un projet que j'ai appuyé, nous avons formé des producteurs sélectionnés à la production de semences de qualité de grandes cultures et de légumes. Ces producteurs de semences locaux ont ensuite été encouragés à créer des organisations locales de producteurs de semences. Les organisations locales se sont associées à d'autres organisations locales pour créer des organisations régionales. Comme pour les oignons, l'organisation de producteurs de semences fixera les prix des semences. Ce contrôle aidera à prévenir l'exploitation par les courtiers en semences. Les organisations des producteurs méneront des négociations avec le secteur privé sur les prix des semences et aideront les membres des organisations à obtenir des prêts.

Lorsqu'un groupe de producteurs partage l'eau, la terre et d'autres moyens de production, il est essentiel qu'ils s'organisent eux-mêmes afin de permettre le bon fonctionnement des ressources partagées. Par exemple, des femmes pratiquant le BDL ou les JPA communautaires sont régulièrement organisées en association dirigée par une présidente élue, une secrétaire et une trésorière. Divers comités tels que des comités techniques ou de crédit sont mis en place. Les membres de l'association se réunissent fréquemment pour discuter des problèmes et décider des activités. Cette organisation facilite la collecte des cotisations de chaque membre de l'association, qui sera utilisée pour l'investissement, l'achat de matériel et l'extension du microcrédit aux membres du groupe.

4. Compétence humaine

La compétence humaine est un élément «qui fait ou casse la qualité» un programme. Par conséquent, le personnel engagé par un programme doit être hautement professionnel, motivé et dévoué. En fait, le problème avec la plupart des programmes de développement agricole est le manque de professionnalisme et de motivation du personnel. Le manque de motivation conduit à une performance médiocre et peut souvent conduire à un manque de transparence dans le comportement. Les experts en gestion s'accordent à dire que le meilleur moyen d'encourager la motivation est de donner au personnel le sentiment de s'approprier un projet et de l'encourager à proposer ses propres solutions aux problèmes rencontrés sur le terrain.

Les animateurs villageois sont une composante de nombreux programmes de développement. Dans chaque village, un «animateur» qui est le trait d'union entre le projet et les producteurs est affecté. Ces animateurs sont de vrais idéalistes qui veulent que leurs villages respectifs en tirent profit et ils sont présents tous les jours de la semaine dans les champs travaillant avec les producteurs. Au cours de la durée du projet, ces animateurs reçoivent une compensation. Ils reçoivent également une formation professionnelle, y compris la fourniture de manuels de production. Le projet fournit ensuite aux animateurs toute une gamme de moyens pour augmenter leurs revenus. Par exemple, ils apprennent à installer et à entretenir des systèmes d'irrigation; dans les projets d'irrigation, on leur donne des parcelles irriguées, etc. Et le projet garantit que les groupes de producteurs continueront à bénéficier des conseils techniques de l'animateur à la fin du une fois le projet officiel clôturé.

Nous avons commencé à travailler avec une coopérative de producteurs dans la région de Gaya, au Niger, pour installer cinq hectares de JPA. L'équipement et son installation ont été fournis par le projet. Les producteurs ont été invités à préparer le terrain et à creuser les tranchées pour les tuyaux de distribution comme contribution au projet. Mais ils ont refusé de le faire, demandant à être payés par le projet pour leur travail.

Lors d'une réunion avec des membres de la coopérative, on m'a dit que jusqu'à présent, tous les projets antérieurs dans leur région avaient payé pour du travail, alors on s'attendait à ce que les producteurs soient payés cette fois aussi. Après avoir prononcé un discours patriotique, comportant une menace de déplacement du projet sur un autre site, les producteurs ont accepté à contrecœur de travailler sans rémunération. D'autre part, dans la région de Kalale au Bénin, où des jardins maraîchers gérés par des femmes ont été installés, les femmes ont volontairement abattu d'énormes arbres, rasé les terres et creusé des tranchées sans être rémunérées pour leur travail. Et à la fin, elles étaient très reconnaissantes vis-à-vis du projet qui leur avait procuré beaucoup des revenus. Ce groupe de femmes n'a jamais été **gâté** par des projets rémunérés en main-d'œuvre.

Ces animateurs remplacent en réalité les services de vulgarisation gouvernementaux dans les endroits où ces services ne sont pas efficaces. Les animateurs sont responsables de la mise à l'échelle des cultures et des technologies introduites par le projet après la fin officielle de celui-ci. Ils feront ce travail au mieux s'ils ont un intérêt économique dans la mise à niveau des technologies.

5. Financement du développement

Le financement du développement en Afrique est une question très complexe et controversée. Au niveau microéconomique, de nombreux programmes financés par des ONG et des gouvernements paient généralement les producteurs pour qu'ils participent à l'introduction de nouvelles technologies. Ils paient non seulement les coûts de mise en place, mais également le travail des producteurs impliqués dans le projet. Et comme cela arrive trop souvent, le projet échoue à « la fin ». Les producteurs attendent ensuite patiemment que le prochain projet se concrétise pour pouvoir «traire» les nouveaux donateurs.

Cette attitude a créé une sorte de parasitisme chez les producteurs, comme en témoignent les deux anecdotes citées dans les encadrés.

Sur la base de cette expérience, certains donateurs et projets sont tombés dans l'excès contraire. Ils demandent maintenant aux producteurs de payer en totalité pour les technologies qui seront introduites. Une façon de le faire est de mettre en contact les agriculteurs avec des organisations de microcrédit qui leur prêtera les ressources nécessaires au développement. Malheureusement, souvent, lorsque les producteurs se mettent d'accord pour accepter ces prêts, ils ne sont pas en mesure de les rembourser à temps en raison des conditions de crédit courtes. Comme ces organismes de microcrédit prennent des risques que les banques établies n'oseraient pas prendre, ils compensent en pratiquant des taux d'intérêt atteignant parfois 30 %! Apparemment, les entreprises de microcrédit deviennent de très bonnes affaires, car elles se développent dans toute l'Afrique comme des champignons après la pluie.

> Un ami de Vision Mondiale travaillant à Gaya, au Niger, m'a raconté l'histoire suivante :
> « J'ai décidé de conduire un programme d'alphabétisation pour les femmes de ma région. J'ai amené des enseignants et du matériel pédagogique et j'ai attendu que les femmes viennent. Mais aucune n'est venue. Quand j'ai demandé aux femmes pourquoi, leur réponse était directe : "Payez-nous, nous viendrons." »

L'hypothèse selon laquelle les projets échouent si les producteurs n'investissent pas lourdement dans ceux-ci n'est pas toujours correcte. Les projets échouent également *pour d'autres raisons,* telles que le manque d'expertise suffisante des producteurs, le manque d'organisation, la mauvaise chaîne de valeur, le manque d'entretien, la courte durée de vie du projet, le manque de stratégie de commercialisation, les marchés médiocres, les contraintes culturelles et le manque de rentabilité parmi tant d'autres raisons. *Si un producteur se rend compte qu'une technologie lui rapporte un bon revenu, il continuera à la mettre en œuvre et à l'étendre,*

même si la technologie spécifique était initialement et entièrement financée par un projet (voir l'encadré ci-dessous). (Transformation du village de Sadoré).

Pour décider quelle composante d'un projet devrait être financée par le projet et quelle composante devrait être financée par les producteurs, *la raison devrait prévaloir*. Si les chefs de projet veulent introduire de nouvelles technologies ou de nouvelles espèces ou variétés de cultures, ils ne doivent pas s'attendre à ce que les producteurs prennent le risque de faire quelque chose qu'ils n'ont jamais essayé avant. Dans ce cas, *le projet devrait subventionner ces nouvelles technologies et cultures*. Seulement si et quand ces technologies aboutissent et que les producteurs sont prêts à les adopter, devraient-ils être tenus de financer la mise à l'échelle.

De nombreux gouvernements africains qui souhaitent encourager des industries telles que le tourisme ou les télécommunications octroient à ces industries des subventions généreuses. Mais à ma connaissance, dans de nombreux pays, une telle politique en matière de développement agricole n'existe pas. Comme il s'agit de la principale industrie de la plupart des pays africains, il est logique que les gouvernements subventionnent l'agriculture et les industries agricoles autant ou plus que les Hiltons ou la société de téléphonie mobile Orange.

Pour soutenir le développement agricole, les gouvernements devraient investir non seulement dans les routes, mais également dans d'autres infrastructures telles que l'approvisionnement en eau, l'électricité nécessaire au pompage de l'eau, les systèmes d'irrigation et les télécommunications, ainsi que dans les prêts bonifiés, les marchés pour écouler les produits, les services d'information sur les marchés, la vulgarisation, l'éducation agricole et davantage.

L'agriculture des ***petits*** *producteurs africains ne progressera pas sans la volonté et la capacité des gouvernements à rationaliser le développement agricole, notamment en injectant un soutien financier massif tout en mettant l'accent sur la création et le développement du secteur privé.*

Planification du développement

L'absence de développement agricole dans les pays africains a créé un vide qui a été comblé par les ONG nationales et internationales, les agences des Nations Unies et de nombreuses agences d'aide bilatérale. Chacune de ces organisations a son propre programme de développement avec très peu de coordination avec les gouvernements et pratiquement aucune coordination entre elles. Le résultat de cette situation est la duplication d'efforts parfois antagonistes. Par exemple, il est possible de trouver plusieurs organisations de développement menant des activités de production de légumes dans le même village à un moment donné. Certaines organisations fournissent des semences aux agriculteurs, tandis que d'autres leur enseignent comment les produire. Certaines organisations n'offrent pas de formation aux producteurs, alors que d'autres le font. De même, dans le domaine de la remise en état des terres, certaines organisations demandent aux agriculteurs de construire des structures de récupération d'eau tandis que d'autres les paient pour qu'ils le fassent.

Les gouvernements ont peu de contrôle sur l'orientation et la forme du développement agricole de leurs pays et la duplication des efforts abonde. Il existe des exceptions notables, à l'instar du gouvernement éthiopien, qui regroupe les principaux projets de diverses organisations sous son égide tout en conservant son rôle prédominant dans la prise de décisions, mais la plupart des entités concernées ne prennent pratiquement aucune mesure pour remédier à cette situation.

Je n'ai pas d'opinion précise sur la nécessité d'une planification centrale du développement agricole. C'est peut-être le résultat de mon expérience en Argentine, où, dans chaque province, un département de la planification employant un nombre important de personnes produit de nombreux documents *qui sont rarement mis en œuvre*. Bien qu'Israël soit très fier de son approche globale en matière de planification rurale, je connais une vaste région fertile dans le désert occidental du Néguev où les autorités des colonies ont planifié leurs activités agricoles sur les vignes pour la production de vin. Cette approche a échoué, entraînant la désertion massive de villages nouvellement construits par leurs habitants. Ce n'est que lorsqu'un groupe d'entrepreneurs sans «planification» a réussi à démontrer que cette région était très propice à la production de légumes hors saison, que la région a prospéré.

La planification centralisée peut réduire les coûts et améliorer les performances. D'un autre côté, si elle est basée sur de fausses hypothèses et/ou sur de fausses doctrines, cela peut conduire à un échec. **Chaque projet particulier** nécessite toujours une planification; sinon, ce projet ne peut être réalisé et continuer à connaître le succès. Cependant, il faut anticiper que des écarts mineurs, voire considérables, par rapport à la planification initiale auront lieu pendant l'exécution du programme, soit parce que le plan initial s'avère défectueux, soit parce que des solutions meilleures que celles prévues ont été découvertes pendant que le projet avance. Les planificateurs doivent donc être extrêmement flexibles, rejeter les approches jugées inappropriées *et être disposés à accepter de nouvelles approches non envisagées à l'origine*. Il est difficile aux bureaucrates d'incorporer cette suggestion, car il leur incombe d'évaluer le succès de tout programme particulier sur la base d'indicateurs intégrés au plan initial. Pour résoudre ce dilemme, je suggère aux responsables de l'évaluation des projets de créer des «indicateurs de réussite» très **généraux**, en se concentrant davantage sur des objectifs généraux et moins sur des objectifs spécifiques.

En plus, la planification centralisée par les gouvernements peut être préjudiciable aux producteurs, car des considérations politiques sont souvent en jeu. Comme je l'ai déjà mentionné, fournir aux populations urbaines des denrées alimentaires à bas prix est une priorité majeure des gouvernements, car la hausse des prix entraîne invariablement des «émeutes de la faim» dans les villes. Pour les éviter, les gouvernements prévoient une production massive d'aliments bon marché par les producteurs, ce qui est en contradiction directe avec les intérêts de ceux-ci et, à long terme, avec les intérêts nationaux.

La dernière question de ce chapitre est de savoir comment mettre en œuvre des projets de développement. Avant d'approfondir cette question, je dois attirer votre attention : un projet de développement doit être géré par une seule entité. Cette entité contrôle le projet en contrôlant le budget. Il est possible d'employer autant de partenaires que nécessaire, mais tous les partenaires doivent dépendre d'un seul directeur de projet. Exemples :

- L'Initiative sur les zones en marge du désert de l'UNEP (Programme des Nations Unies pour l'Environnement) a été coordonnée par l'ICRISAT et exécutée par de nombreux SNRA africains et d'autres centres du GCRAI. Chaque coordinateur partenaire a reçu «sa part du gâteau» et a géré son plan national de manière tout à fait indépendante par rapport au bureau de coordination. Le manque de contrôle des partenaires a été un désastre. Les ressources n'ont pas été utilisées pour l'exécution efficace des plans de projet et, par conséquent, les résultats ont été très médiocres.

- J'ai participé à un projet au Maroc financé par USAID, visant à la coopération dans le domaine de l'agriculture entre Israël, les États-Unis et plusieurs pays arabes. Le projet était administré par le partenaire marocain, un homme d'affaires avisé, qui a profité de l'occasion pour renforcer l'irrigation et les machines agricoles dans ses fermes privées aux dépens du contribuable américain.

Contrairement aux exemples précédents, un projet de l'USAID pour la promotion du Jardin Potager Africain au Burkina Faso sous ma responsabilité a été réalisé en coopération avec le SNRA local appelé INERA. Ce dernier a engagé les techniciens, mais le projet a été géré par l'ICRISAT-Niger, qui a transféré les salaires sur une base trimestrielle à l'INERA. Tous les autres frais ont été payés directement par l'ICRISAT. Les deux techniciens étaient entièrement sous la supervision technique du coordinateur de l'ICRISAT.

Cette stratégie présentait un avantage supplémentaire en favorisant l'établissement d'excellentes relations entre l'ICRISAT et l'INERA à cette époque.

Les principaux points à considérer lors de la planification de grands projets de développement sont les suivants :

- Durabilité et possibilité de mise à échelle sans aide extérieure

- Transfert massif et efficace du savoir-faire aux producteurs

- Appui technique du projet par le biais de centres de service
- Contrôle administratif maximum des fonds du projet par l'entité centrale qui gère le projet
- Développement du secteur privé
- Participation concrète de la recherche

Une fois la planification terminée, la question suivante concerne la manière d'exécuter un projet de développement. Il y a en effet plusieurs façons de le faire. Ici, je présente un modèle réussi qui a été adopté par de nombreuses organisations de développement avec quelques modifications personnelles :

Le village de Sadoré est situé en face de la station de recherche de l'ICRISAT au Niger. Jusqu'en 2003, c'était un village nigérien typique. Les gens vivaient dans des maisons en banco en forme d'igloo. Les moyens de subsistance des ménages dépendaient des cultures annuelles pluviales et du revenu de la main-d'œuvre temporaire à la station de l'ICRISAT. Les femmes s'acquittaient de leurs tâches traditionnelles consistant à collecter du bois de chauffe, à préparer les aliments et à s'occuper de leurs enfants. Elles étaient totalement dépendantes de leur mari pour leur subsistance. À partir de 2003, l'ICRISAT a présenté aux femmes de Sadoré une série d'activités telles que le maraîchage, le BDL (Récupération biologique des terres dégradées) et une pépinière d'arbres fruitiers. Les femmes ont été suivies pendant 7 ans puis laissées à elles-mêmes. Et une chose incroyable est arrivée. Tous les ménages du village ont créé une pépinière d'arbres fruitiers à l'arrière de leur maison. Tout le village produit maintenant des arbres fruitiers, des hommes et des femmes. Les femmes gagnent maintenant un revenu de 2 000 dollars par an contre une moyenne nationale de 500 dollars. Environ 50 nouvelles maisons spacieuses ont été construites dans le village. La plupart des enfants fréquentent maintenant le collège dans une ville voisine après l'école primaire. Ensuite, ils vont au lycée et à l'université. Les femmes achètent maintenant des terres et les donnent à leurs proches pour qu'ils y travaillent. Elles achètent du bétail et plus encore. Leurs maris ne prennent plus une autre femme. Les relations conjugales se sont considérablement améliorées. Les femmes de Sadoré ont sorti leur village de la pauvreté. Il n'y a pas de retour possible. Cette expérience doit être répétée !

Au sommet de la pyramide, il y a un «coordinateur», qui est en réalité le directeur général du projet. En dessous de lui, il y a une équipe de personnel administratif (administrateur, responsable des achats, comptables, consultants, ingénieurs, équipe de suivi et d'évaluation, chauffeurs, etc.) et des coordinateurs régionaux. Sous les coordinateurs régionaux, il y a des «facilitateurs» qui perçoivent leurs salaires du projet, habitent dans les villages et ont accès à tous les bénéficiaires du projet, en particulier les autorités villageoises et régionales.

Viennent ensuite les «techniciens» (également sous la responsabilité des coordinateurs) qui sont chargés de la formation et du transfert de technologie. À la fin et non le moindre arrivent les animateurs villageois qui supervisent le travail quotidien. Les animateurs sont le point de contact entre le coordinateur, les facilitateurs, les techniciens et les producteurs.

Si le projet concerne le transfert de technologie, les techniciens sont la composante la plus essentielle de l'équipe lors de sa mise en œuvre, car ils sont chargés du *transfert du savoir-faire*. Les facilitateurs sont responsables de l'organisation des producteurs et arrivent en deuxième position après les techniciens.

Tout projet doit essayer de s'associer à des organisations professionnelles disposant des capacités requises par le projet et qui ne sont pas disponibles auprès de l'agence d'exécution. Les partenaires les plus importants sont toutefois les associations régionales de producteurs qui facilitent le transfert de technologie, garantissent la durabilité et promeuvent les technologies réussies. Enfin, dernier élément, mais non des moindres, la participation du secteur privé, y compris les fournisseurs de toutes sortes, les fournisseurs d'intrants, les fournisseurs de crédit et les commerçants, parmi d'autres.

La plupart des partenaires, ensemble avec les membres du projet se rencontrent périodiquement pour discuter de l'état d'avancement du projet et planifier les activités tous les trimestres ou tous les semestres. Pendant la durée du projet et après la fin du financement du projet, les animateurs villageois, les organisations des producteurs et le secteur privé assument la responsabilité de la mise à l'échelle du projet.

Rôle des femmes dans le développement agricole

En Afrique, les femmes jouent un rôle majeur dans les activités agricoles quotidiennes. Elles aident leurs maris à semer leurs champs, à désherber, à récolter et à s'occuper des petits animaux domestiques, en plus de s'occuper de petites parcelles de légumes irriguées pendant la contre saison. Cependant, ces femmes sont souvent marginalisées par leurs sociétés. Elles ne sont pas propriétaires terriennes et ne sont pas autorisées à posséder des équipements agricoles. Elles font l'objet d'une discrimination en matière d'éducation, le taux d'analphabétisme des femmes étant nettement supérieur à celui des hommes.

Malgré tout, il est largement admis que *l'égalité des sexes* en Afrique dans son ensemble, et en particulier en Afrique de l'Ouest et Centrale, pourrait favoriser le développement de l'agriculture (Rapport de suivi de l'ADFVI 2008).

Beaucoup de gens mettent l'accent sur la participation des femmes à la vie politique comme un pas important vers l'égalité des sexes. En effet, ceci est un moyen efficace d'autonomiser les femmes, mais ce n'est pas aussi efficace que de leur procurer un revenu. Lorsque les femmes gagnent autant ou plus que les hommes, il devient très difficile de continuer à faire preuve de discrimination à leur égard au niveau de la famille et de la communauté.

Par conséquent, l'une des tâches principales du développement, en particulier du développement agricole, est d'accroître considérablement le revenu des femmes. Un autre moyen de responsabiliser les femmes rurales consiste à leur accorder le droit à la propriété foncière. Des projets tels que le BDL et le JPA sont des exemples classiques de mesures qui autonomisent considérablement les femmes grâce à la propriété foncière.

L'histoire encadrée décrit l'incroyable transformation du village de Sadoré réalisée grâce à l'autonomisation des femmes.

Conclusions

Rabbi Hillel était un éminent érudit juif à l'époque de l'occupation romaine du royaume de l'ancienne Judée. Un jour, ce grand enseignant fut approché par un autochtone qui demanda si le rabbin pourrait lui apprendre toute la Torah juive alors qu'il se tenait debout sur une jambe.

«Pas de problème», répondit le rabbin Hillel. «S'il vous plaît, levez-vous sur une jambe et répétez après moi : ce qui t'est haïssable, ne le fais pas à autrui», ce que l'autochtone fit.

«Maintenant que vous connaissiez l'essence de la Torah», dit le rabbin Hillel, «tout le reste n'est que commentaires. Vous pouvez vous remettre sur vos deux jambes et aller apprendre la suite.»

Le message que je tire de «Rabbi Hillel» dans ce livre est le suivant : traitez l'agriculture en premier lieu comme une *entreprise* qui utilise savoir-faire, avantage relatif, innovation, commercialisation, financement, organisation, cultures de grande valeur, irrigation, traitement après récolte, etc. pour maximiser les profits dans chaque ensemble spécifique de conditions. Ensuite, et seulement ensuite, considérez l'agriculture comme un moyen de communiquer votre vision de la sécurité alimentaire, de l'agriculture biologique, de la nutrition des enfants, de la potabilité de l'eau, de la lutte contre le changement climatique et d'autres actions de développement.

Si votre vision va de pair avec la promotion du *business* agricole, vous êtes sur la bonne voie. Mais si cela entre en conflit avec les aspects commerciaux, **gardez votre vision en dehors de tout cela.**

Maintenant, vous pouvez vous tenir sur vos deux jambes et commencer à développer l'agriculture en Afrique aride, comme il se doit.

Bibliographie

- Agmon, R. 1999. *Tropical Africa agricultural and rural development* (in Hebrew). Hansen Printing.
- Alston, J. M., Steven, D., and Philip, G.P. 2006. "International initiatives in agriculture R&D: The changing fortunes of the CGIAR." In Pardey, P. G., Alston, J. M., and Piggott, R. R., (eds.). *Agricultural R&D in the Developing World: Too Little Too Late?* Washington, DC: IFPRI, pp.313-360.
- Anderson, K. 2006. Reducing distortions to agricultural incentives: Progress pitfalls, prospects. *American Journal of Agricultural Economics* 88: 1135-1146.
- Bauer, P. 1957. *Economic Analysis and Policy in Underdeveloped Countries*. Duke University Press: Durham, N.C.
- Baidu-Forson, J. 1999. Factors influencing adoption of land-enhancing technology in the Sahel: Lessons from a case study in Niger. *Agricultural Economics* 20: 231- 239.
- Belder, P., Rohrbach, D., Twomlow, S., and Senzanje, A. 2007. Can drip irrigation improve the livelihoods of smallholders? Lessons learned from Zimbabwe. Global Theme on *Agroecosystems Report* No. 33. International Crops

Research Institute for the Semi-Arid Tropics: Bulawayo, Zimbabwe.

- Borochov-Neori, H., Judeinstein, S., Greenberg, A., Fuhrman, B., Attias, J., Volkova, M., Hayek, T., and Aviram, M. 2008. Phenolic antioxidants and antiatherogenic effects of marula (*Sclerocarya birrea* subsp. *caffra*): fruit juice in healthy humans. *Journal of Agricultural and Food Chemistry.* 56: 9884–9891.
- Breman, H. and Kessler, J. J. 1999. The potential benefits of agroforestry in the Sahel and other semi-arid regions. *Development in Crops Science* 25: 39–47.
- Buerkert, A., Michels, K., Lamers, J. P. A., Marshner, H., and Bationo, A. 1996. Anti-erosive, physical, soil and nutritional effects of crop residues. In, B. Buerkert, B.E. Allison and M. von Oppen (eds.). *Wind Erosion in Niger.* Kluwer Academic Publishers in cooperation with the University of Hohenheim. Dordrecht, The Netherlands. pp. 123–138.
- Buerkert, A., Lamers, J. P. A., Marschner, H. and Bationo, A. 1996a. Inputs of mineral nutrients and crop residue mulch reduce wind erosion effects on millet in the Sahel. In, B. Buerkert, B.E. Allison and M. von Oppen (eds.). *Wind Erosion in West Africa: The problem and its control.* Proc. Intern. Symp., Univ. Hohenheim, Stuttgart, Germany, 5-7 Dec. 1994. pp. 145-160.
- Burdon, D. J. 1985.Groundwater against drought in Africa, In, *Hydrogeology in the Service of Man: Mémoires of the 18th Congress of the International Association of Hydrogeologists*, Cambridge, IAHS Publication No. 15.

- J. Burney, L. Woltering, M. Burke, R. Naylor, and D. Pasternak 2010. Solar- powered drip irrigation enhances food security in the Sudano-Sahel. www.pnas.org/cgi/doi/10.1073/pnas.0909678107. 6 pages
- DGIRH 2001. *État des lieux des ressources en eau du Burkina Faso et de leur cadre de gestion.* Ouagadougou, Burkina Faso : Direction Générale de l'Hydraulique, Ministre de l'Agriculture, des l'Hydraulique et des Ressources Halieutiques.
- Diatta M., Diack M., Sene, M., and Pasternak, D. 2001. Bioreclamation of saline soils of the west coast of Senegal 2001. In, D. Pasternak and A. Schlissel (eds.). *Combating Desertification with Plants.* Kluwer Academic/Plenum Publishers, New York, pp. 329-38.
- Drechsel, P., Graefe, S., Sonou, M., and Cofie, O., 2006. *Informal Irrigation in Urban West Africa: An Overview.* IWMI Research Report 102, International Water Management Institute: Colombo, Sri Lanka. http://www.iwmi.cgiar.org/pubs/pub102/RR102.pdf
- Dugger, C.W. 2007. Ending famine, simply by ignoring the experts. *New York Times,* December 2, 2007.
- Easterly, W. 2006. *The White Man's Burden: Why the West's Efforts to Aid the Rest Have Done So Much Ill and So Little Good.* The Penguin Press: New York.
- Fan, S., Johnson, M., Saurkar, A. and Makombe, T. 2008. Investing in Africa to halve poverty in 2015. *IFPRI Discussion Paper No.* 0075.
- FAO 2009. How to feed the world 2050: The special challenge for sub-Saharan Africa. *FAO High Level Experts Meeting.* Rome, 12-13/10/09.

- Fatondji, D., Pasternak, D., and Woltering, L. 2008. Watermelon production on stored rainwater in Sahelian sandy soils. *African Journal of Plant Science. 2*: 151- 160.
- Fuglie, L. J. 1999. The miracle tree: Moringa oleifera, natural nutrition for the tropics. Published by Church World Service.
- Gates Foundation 2011. *Agricultural Development in Africa: Fact Sheet*. The Bill and Melinda Gates Foundation Global Development Program.
- Haglund, E., Ndjeunga, J., Snook, L., and Pasternak, D. 2011. Dryland tree management for improved household livelihoods: Farmer Managed Natural Regeneration in Niger. *Journal of Environment Management* 92: 1696-1705.
- Harrison, P. 1987. *The Greening of Africa. Breaking Through in the Battle for Land and Food.* Paladin Grafton Books: London.
- Hassan, A. 2006. Improved traditional planting pits in the Tahoua department, Niger. In, Reij, C., Scoones, I. and Toulmin, C. (eds.) *Sustaining the Soil: Indigenous Soil and Water Conservation in Africa*. Earthscan, London, 56-61.
- Hussein, I. and Hanjra, M.A. 2004. Irrigation and poverty alleviation: Review of the empirical evidence. *Irrigation and Drainage* 53: 1-15.
- ICRAF, 2009. *Agroforestry: A Global Land Use*. World Agroforestry Center, Nairobi, Kenya.
- Marenya, P. P. and Barrett, C. B. 2009. State conditional fertilizer yield response on Western Kenyan soils. Am. J. Agr. Econ. 91: 991-1006.
- Nikiema, A., Pasternak, D., Fatondji, D., Senbeto, D., Ndjeunga, J., Woltering, L., and Abdoussalam, S. 2008. Fruit

trees for the Sudano-Sahel region of West Africa. *Chronica Horticulturae* 48: 24-29 D.

- Paarlberg, R.L. 2009. *Starved for Science: How Biotechnology is Being Kept Out of Africa.* Harvard University Press.
- Pasternak, D. 2013. Lablab (*Lablab purpureus*) a new staple crop for the Sudano Sahel. Echo Technical Note #73
- Pasternak, D. and Bustan, A. 2003. The African Market Garden. In Stewart, B.A. and Howell, T. (eds.). *Encyclopedia of Water Science.* Marcel Dekker Inc: NY, pp.9-15.
- Pasternak D., Nikiema A., Fatondji D., Ndjeunga, J., Koala, S., Dan Goma, A., and Abasse T. 2005. The Sahelian Eco-Farm. In, Omanya, G. and Pasternak, D. (eds.) *Sustainable Agriculture Systems for the Drylands.* ICRISAT: Patancheru, 286- 296.
- Pasternak, D., Nikiema, A., Senbeto, D., Dougbedji, F., and Woltering L. 2006. Intensification and improvement of market gardening in the Sudano Sahel region of West Africa. *Chronica Horticulturae* 46: 24-28.
- Pasternak, D., Senbeto, D., Nikiema, A., Kumar, S., Dougbedji, F., Woltering, L., Ratnadass, A. and Ndjeunga, J. 2009. Bioreclamation of degraded lands with women empowerment in Africa. *Chronica Horticulturae* 49: 24-27.
- Pasternak, D., Housseini, I. and Drori, U. 2013. The Arziki Onion Store: New, Effective and Affordable Onion Storage for Small Producers. *Chronica Horticulturae* 53: 12-15
- Polak, P., Nanes, R., and Adhikari, D. 1997. A low cost drip irrigation system for small farmers in developing countries. *Journal of the American Water Resources Association* 33: 119-124.

- Punjab National Bank 2010. *Wheat Basic.* Special report by the Punjab National Bank.
- Sachs, J. D., 2005. *The End of Poverty: Economic Possibilities for Our Time.* The Penguin Press. New York, NY.
- Valenza, A., Grillot, J. C. and Dazy, J. 2000. Influence of groundwater on the degradation of irrigated soils in a semi arid region, the inner delta of the Niger River. Hydrology Journal 8: 417-421
- Woltering, L., Pasternak, D., and Ndjeunga, J., 2011a. The African Market Garden: The development of an integrated horticultural production system for smallholder producers in West Africa. *Irrigation and Drainage* (Wiley) DOI: 10.1002/ird.610.
- Woltering, L., Ibrahim, A., Pasternak, D., and Ndjeunga, J. 2011b. The economics of low pressure drip irrigation and hand watering on vegetable production in the Sahel. *Agricultural Water Management* 99 pp. 67-73.
- Weitz, R. and Rockach, A. 1968. *Agriculture Development: Planning and Implementation (Israel case study).* R. Reidel Publishing Company: Dordrecht- Holland.
- Wilson, E.O. *Letters to a Young Scientist,* TEDMED Talk. http://www.ted.com/talks/e_o_wilson_advice_to_young_scientists.html, retrieved 3/8/12.
- World Bank 2008. Development of irrigation in Niger: Diagnostic and strategical options (in French). Agriculture and rural development AFTAR. African region
- Young, A. 2007. *Agroforestry for Soil Management.* ISBN 0-85199-189-0

Annexes

Annexe 1

Liste des variétés de légumes pour les trois saisons de production en zone soudano-sahélienne

Les variétés marquées avec astérix ont été sélectionnées et/ ou développées par ICRISAT-Niger. VDG acte pour Violet de Galmi. Les semences de base de la plupart des variétés sont disponibles de : masalifou@yahoo.com

Saison sèche - fraiche		**Saison sèche-chaude**		**Saison des pluies**	
Espèces	*Variété*	Espèces	*Variété*	Espèces	Variété
Oignons	VDG*	Melon	Ein Dor*	Mais doux	True gold*
Pommes de terre	*Desire*	Gombo	Konni*	Gombo	Konni*
Carottes	*Uberl.**	Aubergine	*Black beauty*	Tomates	Icrixina*
Chou	*Oxylus*	Concombres	Bet Alpha*	Concombres	Bet Alpha*
Laitue	*Maya**	Moringa	PKM 1*	Laitue	Maya*
Poivron	Diffa*			Aubergine	Black beauty
Piment	Safi*			Moringa	PKM 1*
Tomates	Sadoré*				
Moringa	PKM 1*				

Annexe 2

Liste des variétés d'arbres fruitiers réussis à la station ICRISAT Sadoré

Pour plus d'information et acquisition de plants contactez :
s.abdoussalam@icrisatne.ne ou masalifou@yahoo.com

Famille	Genre	Espèces	Nom commun	Nbre variétés/ provenances
Anacardiaceae	*Mangifera*	*indica*	**Manguier**	27
Anacardiaceae	*Sclerocarya*	*birrea sub. « caffra »*	**Marula**	4
Anacardiaceae	*Lannea*	*microcarpa*	**Raisin sauvage**	1
Apocynaceae	*Saba*	*senegalensis*		7
Arecaceae	*Phoenix*	*dactilifera*	**Palmier dattier**	10
Caricaceae	*Carica*	*papaya*	**Papayer**	1
Cesalpiniaceae	*Tamarindus*	*indica*	**Tamarinier sucré**	4
Moraceae	*Ficus*	*carica*	**Figuier**	5
Moraceae	*Morus*	*alba*	**Le Mûrier Blanc**	1
Moringaceae	*Moringa*	*oleifera*	**Moringa**	4
Punicaceae	*Punica*	*granatum*	**Grenadier**	9

Famille	Genre	Espèces	Nom commun	Nbre variétés/ provenances
Rhamnaceae	*Ziziphus*	*mauritiana*	**Jujubier amélioré (Pomme du Sahel)**	10
Rhamnaceae	*Ziziphus*	*spina christi*	**Jujubier porte greffe**	
Rhamnaceae	*Ziziphus*	*rotundifolia*	**Jujubier porte greffe Inde**	
Rutaceae	*Citrus*	*grandis*	**Pommelo**	3
Rutaceae	*Citrus*	*paradisixgrandis*	**Sweety**	1
Rutaceae	*Citrus*	*tangelo*	**Tangelo**	4
Rutaceae	*Citrus*	*reticulata*	**Mandarinier**	1
Rutaceae	*Citrus*	*sinensis*	**Orange sucré**	4
Rutaceae	*Citrus*	*aurantiifolia*	**Citronnier (Lime)**	3
Rutaceae	*Citrus*	*limon*	**Citronnier ordinaire**	1
Rutaceae	*Citrus*	*aurantium*	**Bigaradier (porte greffe citrus)**	1

Rutaceae	*Citrus*	*volkameriana*		1
Rutaceae	*Citrus*	*hybrid*	**Idit**	1
Sapotaceae	*Manilkara*	*zapota*	**Sapotier**	4
Vitaceae	*Vitis*	*vinifera*	**Raisin**	9
Total variétés				116

Made in United States
Orlando, FL
05 November 2026

90229893R00157